죽은 나무가 없는 숲은 아름답지 않다

누카섬 야생자연 기행 _ 캐나다 밴쿠버

오상수 사장님께

2012 . 12 . 20

지은이 **탁광일**

고려대학교 임학과를 졸업했다. 캐나다 레이크헤드 대학에서 임학석사, 브리티시 콜럼비아 대학에서 박사학위를 받았다. 캐나다 밴쿠버에 거주하며 밴쿠버 섬 지역을 중심으로 한국의 청소년, 대학생, 교사와 일반인들을 대상으로 한 체험 중심 환경교육기관 Naturewalks Education을 운영하고 있다.

죽은 나무가 없는 숲은 아름답지 않다

발행일 | 2012년 3월 12일 초판 1쇄 발행

지은이 | 탁광일
펴낸이 | 윤형두
교 정 | 김영석
펴낸곳 | 종합출판 범우(주)
인쇄처 | 상지사
등록번호 | 제406-2004-000012호 (2004년 1월 6일)
(413-756) 경기도 파주시 문발동 출판단지 525-2
대표전화 | 031-955-6900
팩 스 | 031-955-6905
홈페이지 | www.bumwoosa.co.kr
이메일 | bumwoosa@chol.com

ISBN 978-89-6365-068-5 03980

* 책값은 뒤표지에 있습니다.
* 잘못된 책은 바꾸어드립니다.

이 도서의 국립중앙도서관 출판시 도서목록(CIP)은
e-CIP홈페이지(www.nl.go.kr/cip.php)에서 이용하실 수 있습니다.
(CIP제어번호 : CIP2012000968)

죽은 나무가 없는 숲은 아름답지 않다

누카섬 야생자연 기행 _ 캐나다 밴쿠버

글 · 탁광일

범우

저자 서문

아름다우면 사랑하고, 사랑하면 보전한다

우리가 걷거나 바퀴달린 도구를 이용해 달리는 지표면은 대부분 보도블록, 아스팔트, 시멘트 등으로 포장된 공간이다. 이런 길들은 노면이 반듯하고 걸림돌이 없어 걷기 편하다. 그러나 이런 포장된 도로를 편안하게 그리고 빠르게 걷거나 달리는 한 주변을 느끼고 음미하기 어렵다. 등산의 매력은 단조롭게 포장된 도시의 길에서 벗어나 구불구불하고 오르막과 내리막이 있는 길을 걸으며 주변의 지형과 경관이 발산하는 분위기와 에너지를 만끽할 수 있는데 있다.

길조차 없는 곳을 걸으면 걷기의 매력은 한층 더 높아진다. 캐나다 서해안의 누카 트레일이 그런 곳이다. 불과 서로 몇십 미터의 간격을 두고 야생의 바다와 원시 숲이 서로 마주하고 있다. 숲과 바다를 양쪽에 끼고 이들이 발산하는 야생의 에너지와 분위기에 흠뻑 취해 걷는 것은 즐거움 그 이상의 무엇을 가져다준다. 걷는 동안 지표면이 낙엽과 잔가지들이 쌓인 숲에서 모래사장으로, 몽돌 밭으로, 죽은 통나무 더미로, 작은 자갈밭으로, 해초 밭으로, 넓은 바위로 바뀌면서 등산화 바닥을 통해 대지의 다양한 질감을 느낄 수 있다. 이 때문에 누카 트레일을 걷는 것은 단순한 하이킹 이상의 특별한 미적 체험이 된다.

우리는 아름답다고 느끼는 대상에 대해선 그것이 인간이건, 예술품이건, 자연이건 애착심을 갖게 되고 이들을 아끼고 보호하려는 동기가 유발된다. 우리가 자연을 진정으로 아름답게 느낄 수 있다면 이는 자연 보전을 위한 매우 유력한 동기가 될 수 있을 것이란 희망을 안고 이 책을 썼다.

자연은 미학적으로 가장 소홀히 다루어지고 있는 분야이다. 예술품이나 유물에 대한 미학적 연구는 많지만 자연의 아름다움에 대한 연구는 매우 빈약하다. 자연은 당연히 아름답기 때문에 특별히 연구의 필요성을 느끼지 않기 때문일 수도 있고, 자연은 인간이 만든 예술품들만큼 아름답지 않기 때문에 미학적 연구나 관찰의 대상으로 가치가 떨어진다고 생각하기 때문일 수도 있다.

나는 이 책에서 자연은 인간이 만든 예술품보다 훨씬 더 아름답다는 것을 역설하였다. 환경보전을 위해 자연의 아름다움에 대한 교육의 필요성도 함께 강조하였다. 이 책은 자연의 아름다움을 미학적으로 해석한 미학 전문서는 아니다. 이 책은 내가 야생자연 속에서 체험한 생명의 아름다움에 대한 기록일 뿐이다.

나의 출판제의를 선뜻 받아들이고 아름다운 책으로 만들어 주신 범우사 윤재민 대표님과 조재민 기획위원님께 감사드린다.

2011년 여름 에코 샵 홀씨의 양경모 대표와 그의 두 대학생 아들과 함께 이 책의 무대인 누카 트레일을 6년 만에 다시 찾아 하이킹할 수 있었다. 야생자연에 대한 양 대표님의 열정에 감사드린다. 이후 이 책의 출판을 위한 격려는 물론 출간이 실현될 수 있도록 적극적인 섭외와 여러 노고를 아끼지 않은 양 대표님께 심심한 감사를 표한다.

1990년 여름 밴쿠버 섬 서해안의 웨스트코스트 트레일 하이킹 이래 지난 20여 년 동안 캐나다 서해안 지역 야생자연의 아름다움을 함께 한 폴에게 이 책을 바친다.

2012년 이른 봄 밴쿠버에서 탁광일

차례

©Mark Hobson

숲과 바다를 양쪽에 끼고 이들이 발산하는 야생의 에너지와 분위기에 흠뻑 취해 걷는 것은 즐거움 그 이상의 무엇을 가져다준다. 걷는 동안 지표면이 낙엽과 잔가지들이 쌓인 숲에서 모래사장으로, 몽돌 밭으로, 죽은 통나무 더미로, 작은 자갈밭으로, 해초 밭으로, 넓은 바위로 바뀌면서 등산화 바닥을 통해 대지의 다양한 질감을 느낄 수 있다. 이 때문에 누카 트레일을 걷는 것은 단순한 하이킹 이상의 특별한 미적 체험이 된다.

(저자 서문 중에서)

1부 누카 섬 _ 17

2부 자연과 미적 체험 _ 61

3부 오래된 숲의 아름다움 _ 115

4부 성스러운 숲 _ 177

캐나다
브리티시 컬럼비아 주
포트 하디
포트 맥닐
19
세이 워드
브룩스 반도
카유큇
캠벨 리버
28
무차트랏 강
(골드 리버)
누카섬
누카만
무차트랏 협만
스트라트코나
주립공원
코막스
코트니
팍스빌
나나이
포트 알버니
토피노
4
클레오쿠앗 만
유클루릇
밴쿠버섬
뱀필드
칼마나 계곡
태평양
포트렌푸류

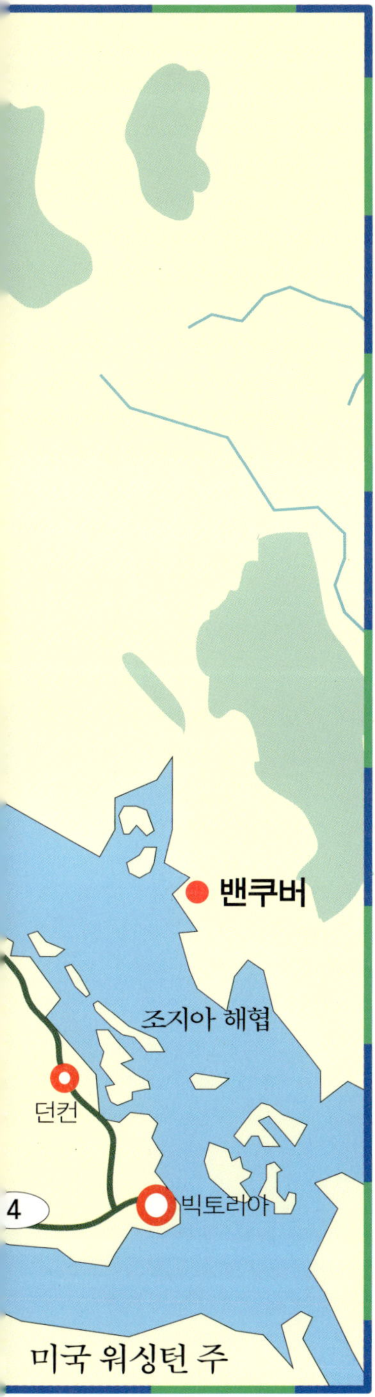

캐나다 ➡ 밴쿠버 섬 ➡ 누카 섬 지도

밴쿠버 섬 [Vancouver Island]

북아메리카 대륙의 태평양 연안에서 가장 큰 섬(31,285㎢)이다. 너비는 평균 80㎞이며 본토와 평행하게 북서-남동 방향으로 길게(460㎞) 뻗어 있다. 높이 2,100m가 넘는 몇몇 봉우리에는 깊게 절개되고 삼림이 우거진 산악성 오지가 있다. 동쪽 측면에 해안평야가 펼쳐져 있으며 서쪽 해안은 톱니 모양의 해안선을 가진 피오르드식 해안이다. 섬 중앙에 스트라트코나 주립공원(23만 1,436*ha*)이 있다. 1778년 제임스 쿡 선장이 처음 발견했고, 1792년 조지 밴쿠버가 측량을 실시했다. 1866년 본토 식민지인 브리티시컬럼비아와 통합되었으며 주도州都가 된 섬의 주요도시인 빅토리아와 함께 1871년 캐나다 자치령에 주로서 속하게 되었다. 주요산업으로는 관광업 · 임업 · 어업 · 광업(석탄 · 철광석 · 구리) · 농업 등이 있다. 동쪽 해안의 주요 인구밀집지역으로는 던컨 · 나나이모 · 포트알버니 · 코트니 · 캠벨리버가 있다. 누카 섬 등 여러 부속 도서를 거느리고 있다.(브리태니커 인용 - 편집부)

루이
베이
라군
퍼스트비치
암초구간
수쿠나베이
바이트 콘
봉우리
캘빈폭
0 1 2 3 4 5 km

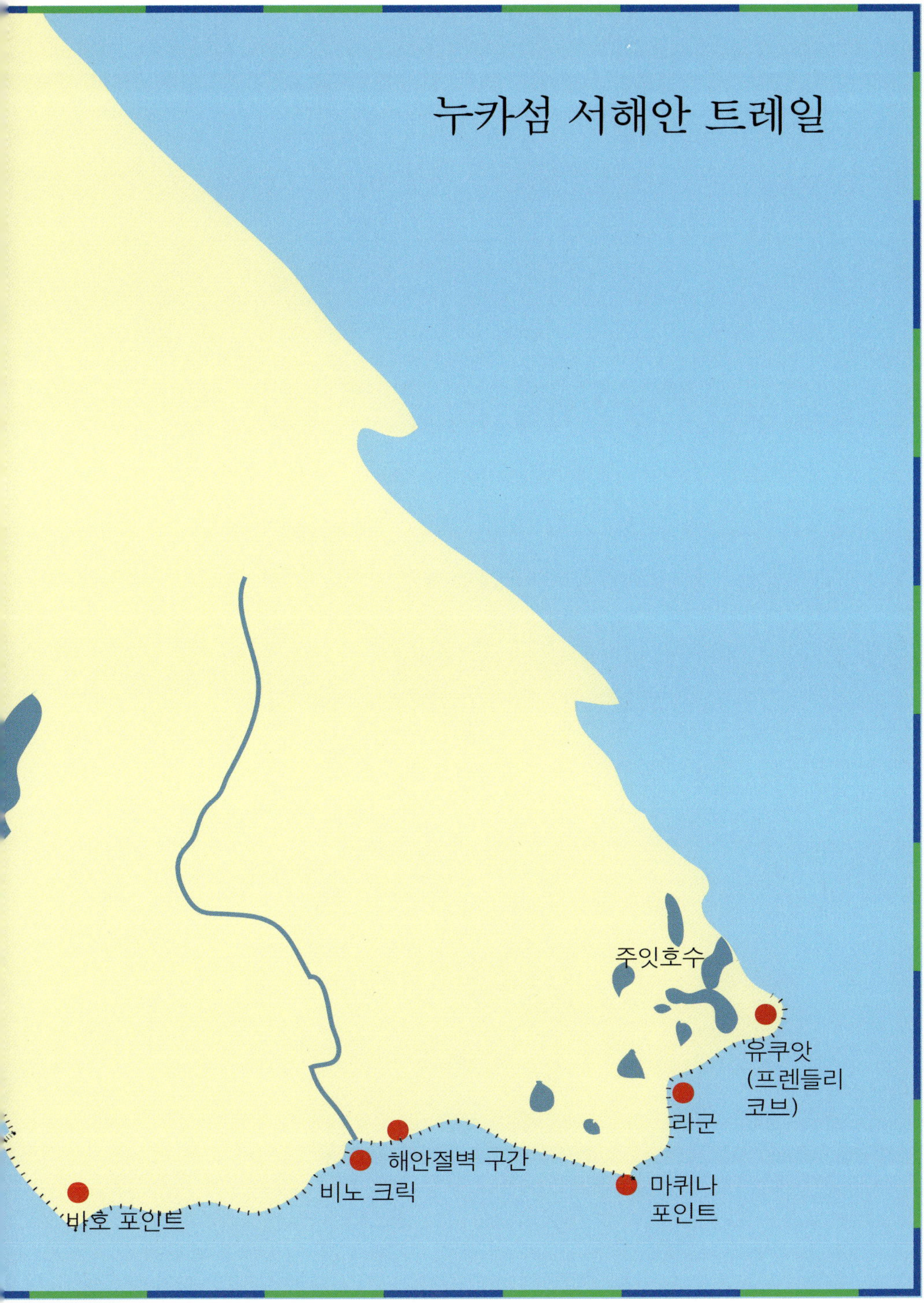
누카섬 서해안 트레일
주잇호수
유쿠앗
(프렌들리
코브)
라군
해안절벽 구간
비노 크릭
마키나
포인트
바호 포인트

01 누카섬

죽음이 삶을 키우고 있는 모습: 죽어 쓰러진 나무 위에서
자라던 나무들이 거목으로 변했다.

폴의 유리공. 숲속에서 찾아낸 후의 모습.

스쿠나 베이

이틀 동안 함께 하이킹하던 캐나다 친구 폴은 스쿠나 베이 북쪽 끝 해변에 나를 남겨 놓고 말도 없이 싯카 가문비나무 숲 속으로 사라졌다. 아무도 없는 해변에 혼자 남은 나는 불안해졌다. 폴과 나는 밴쿠버 섬 서해안의 누카 섬 트레일을 일주일 예정으로 전날부터 하이킹하던 중이었다. 폴과 나는 또 여러 가지 위험을 무릅쓰고 하이킹을 하는 중이었다. 이곳은 공원이 아녀서 찾는 사람들이 드물어 위급상황에서도 구조를 받기가 어려운 지역이다. 늑대들로부터 공격받을 수도 있다. 다리를 다치거나 식량이 떨어져 더는 걷을 수 없는 경우도 예상해야 했다. 우리는 곰이나 늑대의 공격에 대비해 가스총을 갖고 왔지만, 늑대들의 급작스런 출몰은 충분히 위협적이 될 수 있다. 부상을 당해 걸을 수 없을 땐 바닷가에 나가 불을 피워 지나가는 비행기나 배에 위급한 상황을 알리고 구조를 기다려야 한다.

폴이 숲에서 나오길 불안하게 기다리는 몇 분 동안이 매우 길게 느껴졌다. 잠시 후 숲 속에서 걸어 나오는 폴을 보고 안도의 숨을 쉬었다. 숲에서 나온 그의 손에는 커다란 유리공이 들려 있었다. 유리공에는 깨지지 않도록 두터운 나일론 밧줄로 엮어 만든 촘촘한 그물망이 씌워져 있었다. 농구공보다 더 크게 보이는 유리공이 무거운 듯 폴은 한 손으로 망사 위에 손

1 바이트 콘 봉우리를 배경으로 한 스쿠나 베이 모습.
2 누카 트레일 하이킹의 매력은 원시림을 옆에 끼고 길이 없는 해변을 걷는데 있다.

잡이처럼 달린 줄을 잡고 다른 손으로는 유리공의 밑 부분을 손으로 받쳐 들고 있었다. 의아해진 나는 물었다.

"폴, 들고 있는 게 뭐니?"

"아시아 유리공이야. 주로 일본 것이 많이 오지만 한국 것일지도 몰라! 한국에서 많이 보지 않았니?"

그 유리공은 원래 우리나라나 일본의 어부들이 연근해 어장에서 그물이 물속에 가라앉지 않도록 떠있게 하는 데 쓰던 어구였다.

초등학생이었던 1960년대 여름이면 외가가 있는 부산에 내려가 방학 기간 내내 지내다 오곤 했었는데, 그때 부둣가에 정박한 어선 갑판에 실려 있는 것을 본 기억이 났다. 그 이후 그런 물건을 다시 볼 기회가 없었다가 40여 년이 지나고 나서 전혀 뜻밖의 장소에서 같은 물건을 보니 묘한 기분이 들었다. 이곳은 이 물건을 사용하는 어선들이 정박해 있는 항구나 양식장이 아니라 원시의 숲과 야생의 바다로 둘러싸인 밴쿠버 섬 서해안이었다. 인공적이라곤 우리 자신과 우리들의 배낭 외엔 아무것도 보이지 않는 바닷가였다. 내가 여전히 의아한 표정으로 있자 폴이 말했다.

"이 유리공은 아시아에서 동쪽으로 흐르는 해류를 타고 일만 킬로미터나 되는 태평양을 건너 여기까지 온 거야. 신기하지 않니?"

타지에서 고향 사람을 만난 듯 묘한 동류의식이 느껴졌다. 나도 유리공과 마찬가지로 아시아에서 왔기 때문이다. 나는 인간이 만든 첨단 과학기술의 상징인 비행기를 타고 왔지만, 이 녀석은 해류라는 자연의 힘을 이용해 이곳에 도착했다. 나는 인간이 만든 제도에 따라 여권과 비자를 발급받고 입국심사 절차를 거쳐 이곳에 왔지만, 이 녀석은 인간이 구축한 그런 절차를 비웃기라도 하듯, 아무런 절차도 거치지 않고 이곳에 도착했다. 인간의 기준에 따르면 불법으로 캐나다에 입국한 것이다. 같은 아시아 출신이라는 동류의식과 함께 이 물건으로부터 느껴지는 야생성이 부럽게 느껴졌다.

이곳은 하이킹을 하려고 접근하는 것도 만만치 않고 아직 사람들에게도 많이 알려지지 않은 곳이다. 전날부터 하이킹을 시작했지만, 아직 사람이라곤 한 명도 마주치지 않았다. 사람을 만나지 않는 경험도 이 하이킹의 목적 중의 하나였기 때문에 사람을 만났다면 오히려 실망했을 것이다. 사람들은 보지 못한 대신 오늘 아침 방금 지나간 듯 해변 모래사장에 선명하게 찍혀 있는 늑대 발자국들을 보았고, 낮엔 다시마로 덮인 바다에서 해달이 물질하는 모습을 보았다. 여러 가지 위험 요소가 있지만 우리는 이런 위험을 어느 정도 감수해가면서 야생 자연 속에서 며칠을 보내려고 이곳에 왔다.

실제로 우리는 첫날부터 야생자연의 혹독한 신고식을 치렀다. 우리는 전날 오후 루이 베이 라군까지 데려다 준 수상 비행기에서 내려 얼마 떨어지지 않은 '퍼스트 비치'에 텐트를 치고 첫날밤을 보낼 준비를 했다. 폴과 나는 해가 지기 전 간단한 해수욕으로 야생지에 온 것을 자축했다. 찬 바닷물이 우리를 야생자연과 한몸이 되게 해주었다. 우리는 첫날 저녁을 위해 신선한 연어를 얼음에 채워 가지고 왔었다. 작은 크기로 토막 난 연어를 은박지에 싸서 막 피운 모닥불에 구웠다. 야생지에서 먹는 연어 바비큐는 커다란 사치였다. 그러나 앞으로 일주일 동안 끓인 물을 부어 간단히 조리하는 캠핑용 음식만 먹게 될 우리에게 첫날 한 끼 정도의 호강은 용인될 만했다. 연어 바비큐 구이로 저녁을 먹은 우리는 파도소리를 들으며 잠을 청했다.

다음날 아침 우리는 밤새 누군가 우리 텐트 옆을 지나간 흔적을 발견했다. 텐트 앞 큰 통나무에 기대놓았던 폴의 배낭은 땅바닥에 넘어져 있었고 배낭끈에는 굵은 이빨 자국이 나있었다. 말리려고 그 옆에 널어놓았던 내 수영복은 보이지 않았다. 수영복은 텐트에서 50m 떨어진 곳에서 발견되었다. 텐트 주변 모래사장에는 선명하게 늑대 발자국이 찍혀 있었다. 밤새 늑대가 지나간 것이다. 자신의 영토에 들어온 우리에게 텃세를 부린 것이다. 첫날부터 야생지의 신고식을 톡톡하게 치렀다.

트레일 중 바닷물이 빠지면 물 밖으로 노출되는 조간대도 야생적이긴 원시림과 마찬가지였다. 오늘 오전 퍼스트 비치 근처에서 마주친 조간대에는 바위가 적당히 있어 많은 생물을 관찰할 수 있었다. 특히 물이 빠지면서 물 밖으로 노출된 바위에는 홍합들이 밭을 이루고 있었다. 홍합이 있는 곳에는 으레 포식하는 불가사리들이 붙어 있다.

홍합은 끈끈한 점액을 생산해 자신의 몸을 바위에 단단히 붙여 놓는다. 혼자 붙어 있기보다는 여럿이 집단적으로 밀집한 상태로 붙어 있으면서 파도에 떨어져 나갈 위험도 적고 포식자들이 공격하기도 어려워진다. 그러나 이들을 포식하는 불가사리들에겐 그런 전략도 소용이 없다. 불가사리들은 홍합의 입 부분에 신체의 중심을 위치시키고 다섯 개의 발을 홍합의 양쪽 껍질에 붙인 채 수많은 촉수를 이용해 홍합이 입을 벌리도록 양쪽으로 잡아당긴다. 홍합은 불가사리에게 포식되지 않으려고 사력을 다해 입구가 열리지 않도록 입을 꼭 다물고 있다. 이렇게 몇 시간 또는 온종일 씨름을 하다가 결국 힘에 부친 홍합이 입을 열면 불가사리는 몸에서 꺼낸 위를

1 홍합을 위에서 덮쳐 포식하고 있는 불가사리. 2 물이 빠진 후 밖으로 노출된 홍합 밭.

열린 틈으로 집어넣어 소화시키고 나서 다른 홍합을 공격한다.

불가사리는 인간 입장에선 어장을 황폐하게 하고 어족자원을 고갈시키는 해로운 생물이다. 그러나 생태계에선 홍합 단일 종으로 덮여 있는 조간대 공간의 다양성을 높여주는 역할을 한다. 홍합을 잡아먹으면서 일부 공간을 열어주어 다른 생물들이 들어와 살 수 있도록 하기 때문이다.

바닷물이 빠지면 불가사리들은 신체가 건조해지는 것을 최소화하기 위해 바위틈이나 바위 아래 축축한 곳에 숨어서 바닷물이 다시 들어올 때까지 기다리는 것이 보통이다. 그러나 오늘 아침 처음 마주친 조간대에선 몇 마리의 불가사리들이 홍합을 포식하는 중인 듯 물이 빠진 홍합 밭 위에 붙어 있었다.

오늘 아침 '퍼스트 비치'에서 출발해서 남쪽으로 걸어 내려오는 동안 해안가 산에는 벌채한 흔적이 하나도 보이지 않는 깨끗한 숲만 보였다. 우리나라 산 정상부근에 거대한 바위나 암릉이 자리 잡은 모습에 익숙해 있던 내게 숲이 시작되는 바닷가에서부터 산 정상까지 온통 숲으로만 덮여 있는 모습은 매우 신기하게 보였다. 어제와 오늘 내 눈에 들어온 것은 숲, 바다, 하늘뿐이었다. 내 눈은 이들이 발하는 초록색과 푸른색만으로 이루어진 경관에 점점 익숙해져 가고 있었다.

원래 이 하이킹을 계획할 때 폴과 나는 도시의 번잡함을 피해 아무도 없는 야생 자연 속에 있다가 오는 것이 주목적이었다. 그래서 폴은 하이킹을 시작하기 전 내게 유리공에 대한 이야기는 한마디도 꺼내지 않았다. 그가 좀 더 가면 훨씬 더 아름답고 큰 개울도 있는 캘빈 폭포에서 캠핑하지 않고 전혀 캠핑할 곳이 못 되는 이곳 스쿠나 베이 북쪽에서 굳이 하룻밤을

누카 섬 원시림 내부 풍경

지내고 가자고 했을 때나 그가 나를 혼자 해변에 남겨두고 숲 속으로 사라졌을 때까지도 나는 폴의 숨은 의도를 알지 못했다.

유리공을 들고 나온 다음 폴은 해변에 앉아 유리공에 얽힌 15년 전의 이야기를 내게 들려주기 시작했다. 옛 추억을 회상하는 그의 목소리는 약간 젖어 있었다. 그때가 2002년 여름이었으니까 그로부터 15년 전인 1987년 폴은 당시 그의 여자 친구와 함께 이곳을 하이킹하다가 이 근처 해변에서 큰 유리공 2개를 발견했다. 미술을 전공한 여자 친구가 유리공에 매료된 것은 당연한 이치였다. 많은 캐나다 인이 그러하듯이 그녀는 아시아에서 온 이 희귀한 보물을 집에 가져가고 싶어 했다. 그러나 하이킹 이틀 만에 발견한 이 공을 가지고 나가려면 4,5일을 더 걸어야 하이킹의 종착점까지 갈 수 있었다.

4,5일 동안 지름 80cm, 무게 8킬로그램의 유리공을 추가로 짊어지고 하이킹하는 것은 여간 어려운 일이 아니었다. 이들의 배낭에는 이미 5일치 이상의 식량과 캠핑장비로 가득 차 있었다. 한창 서로 좋아 지낼 때였기 때문에 여자 친구를 위해서라면 무엇을 못해 주랴. 폴은 여자 친구의 배낭에 들어 있던 식량과 장비는 자기 배낭에 담고 그물망을 칼로 끊어 버리고 부피와 무게를 줄인 다음 유리공을 여자 친구의 배낭에 담아서 나왔다. 폴과 여자 친구는 집으로 가져온 유리공을 누카 트레일 하이킹에서 얻은 전리품인양 거실 한가운데 신줏단지 모시듯 나무받침대를 만들어 그 위에 올려놓았다.

폴과 여자 친구는 유리공 하나는 배낭에 넣고 나올 수 있었지만, 나머지 하나는 가지고 나올 수 없었다. 폴은 막연히 언젠가 다시 와서 가지고 갈 수 있다고 생각하고 숲 속에 숨겨 두었었다. 폴이 숲에서 가지고 나와 내게 보여 준 것은 15년 전 숲 속에 감추어 놓았던 바로 그 나머지 한 개의 유리공이었다.

그는 마치 어제 맡겨두었던 물건을 오늘 찾아오는 것처럼 유리공을 숲 속에서 찾아서 나왔다. 15년 전에 숲 속에 감추었던 물건을 아무런 어려움 없이 찾아 나온 것도 신기했지만, 오늘날처럼 변화가 끊임없이 일어나는 세상에서 15년 동안 유리공이 그 자리에 그대로 놓여 있었다는 것도 신기했다. 그 사이 숲 밖의 세계에는 15년이란 긴 세월이 흘렀지만, 이 숲은 15년 전이나 지금이나 조금도 달라진 게 없었다.

저녁식사 후 폴은 유리공을 옆에 두고 해변에 쓰러진 나무를 등받이 삼아 앉아서 뉘엿뉘엿 지는 해를 물끄러미 바라보고 있었다. 유리공을 가지고 나온 폴의 몸과 마음은 1987년 여름으로 돌아가 있는 듯했다. 그의 여자 친구와 보낸 아름다운 시간을 추억하는 것 같았다.

다음날 아침 폴과 나는 오트밀 죽과 따뜻한 차로 간단히 아침을 때우고 텐트를 걷고 캠핑 장비를 배낭에 주섬주섬 챙겨 넣었다. 출발 전 주변을 정리하다가 밤새 텐트 밖에 놓여 있던 유리공이 눈에 들어왔다. 우리 둘은 유리공이 탐나긴 했지만 5일 동안 이것을 지고 나갈 용기까지는 없었다. 남은 5일 동안 8킬로그램 무게 때문에 즐거운 하이킹 경험을 망치고 싶지 않았다. 폴은 또다시 나를 혼자 남겨둔 채 유리공을 들고 숲으로 들어가 어딘가에 공을 감추어 두고 나왔다. 숲 속에 유리공을 다시 숨겨놓은 폴의 행동과 표정은 마치 의식을 치르는 듯 경건했다. 우리 둘은 아무도 없는 해안을 말없이 다시 걷기 시작했다.

숲 밖으로 나온 유리공

폴이 내게 유리공을 처음 보여 주고 나서 2년이 흐른 2004년 7월 나는 다시 누카 트레일을 하이킹하게 되었다. 한국에서 온 대학생 오지 탐사대의 가이드 역할을 맡은 것이다. 밴쿠버에 사는 폴에게 전화했다.

"폴, 13명의 건장한 젊은이들과 함께 누카에 다시 가게 되었어! 네가, 원하면 2년 전 숲 속에 도로 감추어둔 유리공을 찾아 갖고 올게!"

폴은 유리공을 찾아 나오겠다는 나의 계획을 반겼다.

"좋아, 잘됐구나. 유리공을 숨겨놓은 정확한 위치를 약도로 그려 보내 줄게!"

며칠 후 팩스 편으로 약도가 도착했다. 약도는 보물섬 지도나 다를 바 없었다. 지도엔 스쿠나 베이 바다와 우리가 캠핑하던 조그만 개울과 개울 따라 서 있는 다섯 그루의 큰 싯카 가문비나무가 그려져 있고 그중 한 나무의 줄기엔 큰 검은 점을 찍어 놓았다. 그 나무의 밑둥치에 난 큰 구멍 안에 유리공을 넣어 두었다는 표시가 되어 있었다.

2년 전 폴이 내게 그랬듯이 나는 탐사대원들을 해안가에 잠깐 쉬게 하고 숲으로 들어갔다. 같이 가자고 말하지도 않았는데 대원 중 호기심이 많은 준규가 뒤따라 왔다. 폴이 그려 보낸 지도를 보면서 숲 안쪽으로 들어가

숲 밖으로 유리공을 꺼내 가지고 나오는 장면

면서 개울가에 서 있는 큰 싯카 가문비나무를 하나씩 살펴보았다. 구멍이 나있는지를 살피려면 나무를 한 바퀴 돌아보아야 한다. 나무의 밑둥치 주변에는 살랄이 잔뜩 자라고 있어 접근하기가 쉽지 않았다. 구멍이 뚫린 비슷한 나무를 발견했지만, 유리공은 그 안에 없었다. 시간이 제법 흘렀고 나의 인내력도 소진되어가면서 포기하고 돌아서려고 할 때 등 뒤에서 준규가 "여기 있습니다!"라고 소리쳤다. 유리공은 내가 살피고 있던 구멍이 나있는 나무 바로 아래 숲 바닥에 놓여 있었다. 폴이 그려준 약도에 의하면 분명히 나무 굴 안에 있어야 할 유리공은 굴 밖으로 나와 있었다. 틀림없이 겨울을 지낼 동면 굴을 찾던 곰의 소행일 것 같았다.

대학생 탐사대원들과 번갈아가며 배낭에 매달고 4일 동안 나머지 구간을 걸어 유리공을 프렌들리 코브까지 가지고 나왔다. 나의 배낭에 묶여 있는 유리공을 본 사람들은 모두 발길을 멈추고 부러운 듯 어디서 어떻게 발견했는지, 만져 봐도 되는지 등의 질문을 쏟아냈다. 나는 그날 같은 질문에 대한 답변을 수십 번 이상 되풀이해야만 했다. 이 유리공은 내 것이 아니고 내 친구가 17년 전에 처음 발견했다가 숲 속에 감추어 둔 것을 이제 찾아서 나오는 것이라고 긴 사연을 간단히 요약해서 이야기해주었다. 유리공 만으로도 흥미로운데, 거기에 폴과 관련된 이야기가 더해지자 사람들은 더욱더 흥미로워했다.

하이킹 가이드를 마친 다음 나는 오지탐사대원과 함께 골드 리버로 나가는 화물과 승객을 함께 실어 나르는 '유척III'호를 타려고 모와찻 부족의 전통 거주지 프렌들리 코브의 넓은 잔디밭에 앉아서 배를 기다리고 있다. 잔디밭에는 몇 시간 전 유척을 타고 당일 여행을 위해 이곳에 온 50여 명

아시아에서 온 유리공에 매료된 캐나다 인들

의 관광객이 다시 돌아가려고 승선 대기 중이었다. 여기서도 나의 유리공은 단연 인기였다. 사람들은 내 배낭에 달린 유리공을 흥미롭게 바라보거나 신기한 표정으로 똑같은 질문을 던졌다.

드디어 배가 도착해 유리공을 들고 배를 탔을 때 갑판에 앉아 있던 사람들의 시선이 일제히 내가 든 유리공에 집중되었다. 유리공을 바라보는 사람들의 눈빛으로부터 그들의 놀라움과 부러움을 느낄 수 있었다. 나는 마치 커다란 보물을 들고 많은 사람 앞에 서 있다는 기분이 들었다. 몇몇 사람을 내게 다가와 똑같은 질문을 던지고 신기한 듯 유리공을 어루만져 보기도 했다.

나는 단번에 배 안에서 유명인사가 되었다. 내가 한 사람에게 들려준 유리공에 얽힌 사연은 소문을 타고 순식간에 배 안의 모든 사람에게 퍼졌다. 배가 2시간 반가량 골드 리버로 향해 가는 동안 갑판 위에서 마주친 사람들은 유리공 이야기를 들었다며 놀랍다느니, 재미있다느니 하며 한마디씩 감탄의 말을 던졌다. 보잘것없는 유리공 하나의 위력이 그렇게 클 줄은 나 자신도 그때까지 몰랐다.

유리공은 우리나라나 일본의 어부들이 깨진 술병 등을 원료로 만들었다. 값으로 따지면 얼마 되지 않을 물건에 대해 사람들은 매료되고 있었다. 유리공은 숲 밖으로 나와 사람들에게 선보이면서 어느새 아름다운 물건으로 변해 있었고, 나는 배 안에서 나도 모르게 많은 캐나다사람에게 특별한 미적 체험을 안겨주고 있었다.

유리공은 한국이나 일본에서 오래전에 플라스틱이나 스티로폼과 같은 새로운 재료로 대체되어 더는 유리공이 만들어지지도 사용되지도 않는다. 폴이 발견한 유리공은 60년대 말이나 70년대 초까지도 우리나라나 일본의 어장에서 흔히 볼 수 있었던 어구였다. 고기를 잡으려고 그물을 치고 물속에 떠 있게 하거나 바다 양식장에서 부표로 사용되던 것이었다. 거센 풍랑이 일면 이들을 묶어 놓은 줄이 끊어지거나 풀리면서 연근해 어장에서 이탈한 다음 먼 바다로 나가게 된다. 유리공은 바다 위를 떠다니다 적도 부근에서 북상해 동쪽을 이동하는 쿠로시오 해류를 만나 태평양을 건너 캐나다 서해안에 도달한다.

최근 도착하는 해양 쓰레기. 제조국이 각각 한국, 일본, 중국, 대만으로 되어 있다.

학자들의 연구에 따르면 동아시아의 연근해를 이탈한 유리공이 태평양을 건너 북미 대륙 서해안에 도착하기까지는 최소한 4년 정도 걸린다고 한다. 유리공은 크기가 야구공만 한 것부터 시작해서 지름이 80cm나 되는 것까지 다양하다. 옛날 어부들은 깨진 소주병이나 맥주병 등 잡유리를 섞어 불에 녹여 배 위에서 직접 만들기도 했다고 한다. 이런 조잡한 제조 과정을 거쳐 만들어진 유리공은 아시아에서는 어구로서의 용도 외에는 특별한 가치가 없는 물건이었다.

몇 년 전 방사능 폐기물 처리장으로 지정될 뻔했던 우리나라 서해안의 외딴 섬 굴업도에 갔을 때 중국이나 북한에서 떠내려 온 유리공들을 본 적이 있다. 섬주민은 물론 관광객들의 관심도 끌지 못한 채 해변 모래사장에서 뒹굴고 있었다. 국내엔 이미 플라스틱이나 스티로폼과 같은 더 가벼운 재료로 만들어진 어구들이 쓰이고 있기 때문에 유리공들은 백사장을 덮은 페트병이나 플라스틱 쓰레기와 다를 바 없는 추한 물건에 불과했다. 그러나 이 하잘것없는 유리공이 해류를 타고 태평양을 건너 캐나다 서해안에 도착하면 전혀 다른 대접을 받는다.

유리공은 주생산국이었던 한국과 일본에서 60년대 말이나 70년대 초를 마지막으로 더는 생산하지 않아 희소성과 함께 골동품적 가치를 지닌다. 아시아에서 왔기 때문에 이국적 정취도 풍긴다. 1만km의 태평양을 횡단했으면서도 깨지지 않은 것도 캐나다에 도착한 유리공의 매력으로 작용한다. 설사 태평양을 성공적으로 건넜다고 하더라도 사람들에게 유리공이 발견되기까지는 확률이 낮은 사건들이 몇 차례 더 일어나야 한다.

우선 유리공이 해안의 바위나 암초에 부딪혀 깨지지 않고 안전한 곳에 정착하는 사건이 발생해야 한다. 편서풍이 끊임없이 불고 특히 겨울엔 폭풍을 동반한 거센 파도 때문에 해안까지 무사히 도착했더라도 바위에 부딪혀 깨질 확률이 매우 높기 때문이다. 설사 깨지지 않고 상륙했을지라도 다음번 썰물 때 바다로 밀려나갔다가 다시 상륙되는 과정에서 바위에 부딪혀 깨질 수 있다.

유리공이 해안에 안착하려면 백중사리 때 큰 파도의 힘으로 더는 조석 간만의 영향을 받지 않는 해안가 숲 속 깊숙한 곳에 던져져야 한다. 또는 다음번에 큰물이 들어와도 바다로 다시 끌려나가지 않을 정도로 바위의 갈라진 틈이나 바위와 바위 사이에 단단하게 끼어 있어야 한다. 두 가지 경우 모두 발생 확률이 낮은 사건이다.

이렇게 확률이 낮은 일련의 사건들이 연속적으로 일어나 캐나다 서해안의 안전한 곳에 정착한 다음에도 사람들에게 발견되기까지는 한 차례 더 낮은 확률의 사건이 발생해야 한다. 유리공이 도착한 곳은 사람들이 쉽게 접근하기 곤란한 곳인 경우가 대부분이기 때문에 이런 곳을 일부러 찾아가는 사람도 매우 드물 뿐더러 바위 틈바구니에 끼어 있는 유리공을 발견하는 것 또한 흔치않은 일이기 때문이다.

폴과 그의 여자 친구처럼 사람이 없는 곳을 일부러 찾아다니는 하이킹족들에게 발견되기까지는 유리공이 해안에 도착하고 20년이 넘게 걸릴 수도 있다. 지금도 60년대 이곳 캐나다 서해안에 도착한 유리공들이 인적이 드문 해안 어디에선가 꼭꼭 숨어 있다가 백중사리 때 조석간만의 힘으로 바다로 다시 나갔다가 사람들 눈에 잘 띄는 모래사장에 안착할 수가 있다.

유리공은 아름다움을 창출하기 위한 목적으로 제작된 예술품이 아니다. 어업이나 수산양식업과 같은 경제활동을 위해 제작된 실용적인 물건이다. 그러나 낮은 확률의 사건들이 연속적으로 발생하면서 비씨 주 서해안에 도착한 아시아의 유리공은 사람들에게 특별한 미적 체험을 제공한다. 캐나다 사람들은 이런 유리공들을 수집해 거실이나 집안을 장식하는 데 쓴다. 집의 장식품으로 변한 유리공은 보는 이에게 이들이 사용되던 1960-70년대의 아시아로 시공을 초월한 미적 체험을 가져다준다.

반면 근래 유입되는 많은 양의 플라스틱이나 스티로폼으로 만들어진 어구들은 아름답지 않다. 어구 외에도 한글 상표가 적힌 생수병, 액체 젓갈병, 세제병들도 흘러들어 온다. 이들은 해양 쓰레기일 뿐이다. 유리공과 똑같이 극동 아시아의 한국과 일본에서 출발해서 똑같은 여정을 거쳐 똑같이 확률이 낮은 사건들이 발생해 비씨 주에 도착했음에도 불구하고 누구도 거들떠보지 않는다. 플라스틱이나 스티로폼은 깨지지 않기 때문에 북미 서해안에 도착할 확률이 높아 그만큼 희소성이 적다. 만들어진 재료도 유리보다 덜 친환경적이고 친근감이 가지 않는다.

유리공을 누카의 원시림 속에서 찾아서 나온 다음 예기치 않은 일이 발생했다. 폴과 나는 유리공에 대한 소유권을 놓고 다투게 되었다. 공을 맨 먼저 발견한 사람과 그것을 숲 속에서 찾아 힘들게 들고 나온 사람 중 누가 더 가질 자격이 있는가를 놓고 한바탕 논쟁이 붙은 것이다. 나는 폴에게 전화를 걸었다.

"폴, 유리공을 찾아서 가지고 왔으니, 밴쿠버 섬에 오는 길이 있으면 우리 집에 들러 가지고 가."

폴은 설마 찾아서 나올 수 있을까 했는데 정말 가지고 나왔다고 하니까 반가워하면서도 믿기지 않는 듯한 그의 표정이 전화선 너머로 느껴졌다.

"가지고 나오느라 수고했어. 고마워, 조만간 들를게!"

며칠 후에 우리 집에 온 폴에게 유리공을 보여주었다. 자신이 2002년 다시 감추어 두었던 유리공임을 확인한 폴이 말했다.

"맞아! 내가 17년 동안 숲 속에 감추어 두었던 것을 제대로 찾아 나왔네! 이 무거운 걸 가지고 나오느라 고생이 많았어. 가지고 나오는 데 든 노력이 더 크니 이 유리공은 네가 갖는 것이 마땅하다. 나는 이렇게 다시 본 것만으로 만족해. 지금부턴 네가 가져도 돼!"

나는 물러서지 않고 그의 것이라고 주장했다.

"아니야, 네가 최초의 발견자고 소유자 아니니. 또 네게는 아름다운 추억이 담긴 특별한 물건이고 하니 네가 갖는 것이 옳다. 나는 친구가 좋아하는 물건을 찾아다 준 것만으로도 행복해!"

우리는 서로 상대방의 소유권을 주장하면서 다툼을 벌였다.

나의 완강한 주장에 굴복한 폴은 유리공을 가져가면서 말했다.

"일단 내가 갖고 가지만 6개월만 거실에 놓고 즐기다가 돌려줄게."

그 후 폴은 두 차례나 유리공을 내게 돌려주려고 집요한 시도를 했지만, 나의 거부로 유리공은 10년이 지난 지금까지 여전히 폴의 집에 있다.

두 문화의 만남

프렌들리 코브

6만 년 전 아프리카에서 출발한 인류의 조상 두 형제가 북쪽으로 여행하다가 오늘날 터키쯤에서 헤어져 한 형제는 서쪽으로 가 유럽에 정착해 살고, 다른 한 형제는 동쪽으로 길을 떠나 아시아를 거쳐 베링해를 건너 북미대륙에 정착해 서로 이산가족처럼 살다가 최근 다시 만났다면 상대방을 어떻게 받아들일까? 콜럼버스 이후 실제로 그 같은 만남이 아메리카 대륙 곳곳에서 이루어졌다. 폴과 함께 지금 하이킹하는 누카 섬도 그 같은 만남이 이루어진 장소 중 하나이다.

그 같은 만남이 이루어진 누카 섬은 생태적으로뿐만 아니라 문화적으로도 아름다움과 흥미로움을 지닌 섬이다. 누카 섬은 유럽문화와 인디언문화 간의 첫 접촉이 이루어지면서 캐나다의 브리티시컬럼비아 주(비씨 주)가 탄생한 지점이 되었다. 북미의 많은 도시가 백인들과 인디언 간의 첫 접촉 지점에 교역기지가 세워지고 백인들의 정착과 함께 도시로 확대시키는 궤적을 그리며 발전해왔다.

그러나 누카 섬은 캐나다 서해안 인디언과 백인과의 첫 접촉이 이루어진 곳이며 한동안 유럽인들에 의한 모피 교역의 허브로 발전하기도 했지만, 인간의 정착을 거부한 채 여전히 원시적인 경관을 유지하며 야생상태로 남아 있다. 또 오늘날 하이커들의 눈으로 보면 조그만 인간의 간섭도 허락하지 않은 야생의 원시림처럼 보이지만 이 숲 안에는 수천 년 동안 인디언들이 살았던 흔적들이 곳곳에 숨어 있다. 압도적인 자연의 힘으로 그 흔적이 희미해져 잘 보이지 않을 뿐이다.

18세기 말 밴쿠버 섬 서해안은 식민 열강들의 각축장이었다. 새로운 식민지 개척에 혈안이 되었던 유럽의 강대국들은 북미 서해안 지역을 서로 차지하려고 다툼을 벌였다. 추후 식민지로 삼기 위한 포석으로 탐험 선을 보내 산과 강에 유럽식 이름을 붙이고 자신들이 다녀갔다는 표식을 남겼다. 200여 년 전 스페인과 영국이 모피 교역을 통한 경제적 이득을 확보하기 위해 이 지역에 군대를 주둔시키거나 요새를 짓고 식민지화를 위한 교두보로 삼았다. 누카 섬은 이 같은 식민 열강들의 치열한 각축이 벌어지는 한가운데 있었다.

200여 년 전 세계열강들이 패권 다툼을 벌이던 곳은 섬의 남단에 있는 모와찻 인디언 부족의 마을 프렌들리 코브였다. 프렌들리 코브는 폴과 내가 지금 하는 하이킹의 종착점이기도 하다. 이곳에서 영국의 탐험 선을 지휘하던 제임스 쿡 선장과 프렌들리 코브에 살고 있던 인디언 추장 마퀴나와의 만남이 이루어졌다. 이후에는 마퀴나 추장과 영국 출신 교역선 선원 존 주잇과의 만남이 이루어졌다. 이들의 만남은 겉으로는 이질적인 두 문화의 만남처럼 보이지만 사실상 오래전 터키쯤에서 헤어졌던 인류 조상 형제들이 약 2,000세대가 지나고 나서 다시 만난 것으로 볼 수 있다. 이들 세 사람은 누카를 바깥세상에 널리 알린 인물들이다.

원시 야생의 아름다움이 아직 남아 있는 누카 섬의 자연사는 물론 이곳을 거쳐 갔던 위의 세 인물에 대한 문화사 또한 흥미로운 미적 체험 대상이다.

탐험선 선장

제임스 쿡

제임스 쿡은 세계 해양 역사상 가장 많은 업적을 남긴 선장이다. 영국에서는 그를 넬슨 제독 다음으로 위대한 선장으로 꼽는다. 그러나 서로 다른 목적으로 항해했던 두 사람을 비교하는 것은 큰 의미가 없다. 그는 탐험선의 선장이었을 뿐만 아니라 세계 역사상 가장 위대한 항해가, 탐험가, 해양 측량사 및 해도 제작자였다. 그는 그때까지 그 누구도 발길을 들여 놓지 못했던 지역을 탐험했고, 누구보다 더 많은 지역을 항해했다. 호주, 뉴질랜드, 타히티, 하와이, 남극대륙, 알래스카와 같이 배로 접근할 수 있는 곳이라면 그의 발길이 닿지 않은 곳이 없을 정도로 많은 곳을 탐험하고 기록으로 남겼다. 그는 또 장기간 항해하는 선원들의 건강을 관리하는데도 탁월한 능력을 발휘했다. 그는 항해 중 선원들이 섭취하는 음식과 물을 관리하고 선원들이 충분한 휴식을 취할 수 있도록 배려해 질병을 예방했다. 당시 장거리 항해 중에 발생하는 괴혈병 때문에 매년 수많은 선원이 목숨을 잃었다. 그러나 쿡은 자신이 지휘하는 항해 중에는 단 한 건의 괴혈병도 발생하지 않는 놀라운 성과를 거두어 의사로서도 명성을 높였다.

1776년 6월 쿡은 두 대의 탐험선을 이끌고 그의 세 번째이자 마지막이 된 세계 일주 항해를 시작했다. 항해의 주목적은 북서 항로를 찾기 위함이었다. 당시 영국의 과학계에서는 대서양과 태평양을 연결하는 북서 항로가 아메리카 대륙 북쪽 어딘가에 있을 것이라고 믿고 있었다. 북서 항로가 발견되면 영국은 아시아와 향신료나 비단 교역을 하는데 매우 유리한 지리적 위치에 있었기 때문에 이 항로를 찾는데 유럽의 다른 어떤 나라보다 많은 관심과 노력을 쏟고 있었다.

쿡의 3차 항해는 오늘날 우주선 발사에 버금가는 당시 최고의 과학적 실험이자 탐험이었다. 그가 지휘하던 두 대의 탐험선 레졸루션호와 디스커버리호는 선체의 길이가 각각 36m와 31m나 되었으며 각각 81명과 113명의 최정예 선원, 과학자, 기록 화가들이 함께 탄 움직이는 실험실이었다.

1778년 3월 쿡은 탐험선 두 대를 이끌고 누카 만에 들어와 정박했다. 그동안 하와이에서 출발한 장거리 항해 중 부서진 돛대를 수리하고 식수를 얻기 위해서였다. 그가 정박해서 배를 수리한 곳은 정확히 누카 섬이 아니라 누카 만 가운데 위치한 블라이 섬의 작은 포구였다. 한 달가량 머물며 인근에서 벌채한 나무로 돛대를 새로 갈아 끼우고 물자를 보충한 다음 알래스카를 향해 북쪽으로 항해를 계속하였다.

쿡이 누카 섬을 방문하기 4년 전 스페인 탐험선이 이미 이 지역을 답사하고 인디언들과 교역도 했지만 상륙한 사람은 없었다. 이 때문에 쿡은 밴쿠버 섬 서해안에 발을 디딘 첫 번째 유럽인이 되었고, 누카 섬은 비씨주가 탄생하는 시발점이 되었다. 영국은 쿡이 다녀가고 50여 년이 지난 다음 오늘날 주도州都인 빅토리아 시에 허드슨스베이 회사의 모피교역기지를 세우고 본격적인 식민지 건설을 시작했다.

쿡은 누카 만에 머무는 동안 금속으로 된 물건에 강한 집착을 하고 있었던 인디언들과 물물 교환을 했다. 모와챗 부족들은 단추에서부터 각종 연장까지 쇠붙이로 된 것이라면 뭐든지 대환영이었다. 쿡 일행이 대신 받은 것은 훈제 생선, 생선 기름, 곰, 늑대, 쿠거, 해달 등 각종 동물로부터 만든 모피 등이었다. 이 중 해달 모피는 가장 인기 있는 교역품이었다. 쿡을 하와이에서 잃고 영국으로 돌아가던 두 탐험선은 1779년 11월 광저우에 들러 누카 만에서 가져온 물품들을 팔았다. 해달 모피는 누카에서 사들인 가격에 비해 18배나 비싼 값을 받고 팔았다. 이는 당시 같은 무게의 금보다 비싼 것이었다.

제임스 쿡

© Wiki Media

쿡이 의도한 바는 아니었지만, 그가 누카를 거쳐 간 후 해안 생태계에 커다란 변화가 일어났다. 해달의 처지에서 보면 쿡의 방문은 자신들을 멸종 위기의 상황에 빠뜨리게 한 계기가 되었다. 그의 방문 이후 해달 모피를 사려는 교역선들의 방문이 늘면서 해달의 개체 수가 급감했지만, 포식자가 사라진 바다에서 성게의 개체 수는 많이 늘어나게 되었다. 대신 성게의 먹잇감인 다시마의 개체 수는 매우 감소하였다. 육상의 숲처럼 다시마 숲이 줄면서 해양 생태계의 다양성과 건전성도 줄어드는 변화가 일어났다.

쿡의 탐험선에는 나중에 선장이 되어 스스로 탐험선을 지휘하게 될 젊은 나이의 항해사 조지 밴쿠버와 윌리엄 블라이가 함께 타고 있었다. 조지 밴쿠버는 12년 후 다시 이곳으로 돌아와 북미대륙 서해안 해도를 완성하는 업적을 남겼다. 캐나다에서 세 번째로 큰 도시와 누카 섬이 부속된 큰

하늘에서 본 프렌들리 코브. 빨간색 지붕이 누카 등대다.

섬의 이름도 그의 업적을 기려 명명되었다.

누카 섬을 하이킹하려면 골드 리버에서 배를 타거나 수상 비행기를 타고 접근해야 하는데, 어느 수송 수단을 이용하건 누카 만 가운데 위치한 블라이 섬을 지나치게 된다. 쿡이 배 수리를 위해 한 달간 정박했던 섬이다. 쿡이 이 섬에 레졸루션 호의 일등 항해사였던 블라이의 이름을 붙여 주었다. 블라이 섬의 남단에 있는 작은 만 레졸루션 코브에 쿡의 탐험선 두 척이 정박했었다. 블라이는 이후 영국 해군의 '바운티'호 선장이 되었다. 그는 영국식민지 내 사탕수수 농장에서 일하는 흑인 노동자들을 위한 식량 생산에 쓸 빵나무 묘목을 남태평양의 타히티 섬에서 채취해 카리브 해로 옮기는 임무를 맡는다. 블라이 선장은 임무 수행 도중 태평양 망망대해 한가운데서 부하 선원들이 선상 반란을 일으켜 자신이 지휘하던 배를 빼앗기고 강제 하선하는 수모를 당한다. 그는 그를 추종하는 부하 선원 14명을 천정이 없는 작은 구명보트에 태우고 해도나 다른 항해도구 없이 나침판에만 의존해 노를 저어 남태평양 통가에서 동티모르까지 약 7천km를 항해하는 대모험을 펼친 끝에 영국으로 귀환하게 된다. 그가 겪은 선상 반란과 이후 귀환까지의 역경은 세계 항해 역사상 가장 유명한 사건으로, 그의 이야기는 1879년 쥘 베른의 책으로는 물론 흑백 영화 시대부터 최근까지 세 번씩이나 영화로도 만들어지기도 했다. 매 영화 속의 주인공은 블라이 선장에게 대항해 반란을 주동한 일등 항해사 플래처 크리스티안이었다. 그는 블라이 선장의 어린 시절 친구이기도 했다. 크리스티안의 배역은 당대의 최고 영화배우들이었던 클라크 게이블(1935), 말론 브랜도(1962), 멜 깁슨(1984)이 맡았다.

폴의 유리공을 숲 속에서 찾아 나오던 2004년 하이킹을 마친 후 차를 세워둔 골드 리버로 나오려고 여객선 '유첵III'를 탔다. 유첵III은 레졸루션 코브 앞을 지나갔다. 유첵III 선상에서 본 레졸루션 코브는 누카 만의 다른 작은 섬에서 흔히 볼 수 있는 해변과 조금도 다를 바 없는 작은 비치였다. 현재는 주립공원으로 지정되어 여름에만 일부 카약 족들이 들르는 캠핑장으로 이용될 뿐 사람이 살지 않는 이 섬에는 쿡과 그의 탐험선을 상기시켜 줄 아무런 흔적이 남아 있지 않다. 쿡이 다녀간 흔적은 말끔히 사라지고 없지만, 그의 배 수리 과정을 지켜보았을 것 같은 해변의 싯카 가문비나무들은 그 자리에 그대로 서 있었다. 우리 인간보다 10배 이상의 긴 수명을 지닌 가문비나무들은 쿡의 방문을 마치 어제 일처럼 생생하게 기억하고 있을 것이다.

인디언 추장

마퀴나

스페인 탐험선들이 북미 서해안에서 경쟁적으로 측량을 하며 가는 곳마다 영어나 스페인어 지명을 남긴 것은 측량한 지역에 대한 자신들의 소유권을 주장하고 궁극적으로 자신들의 식민지로 삼기 위한 포석이었다. 당시 북미 서해안 지역은 마치 주인이 없는 땅인양 자신이 다녀갔다는 간단한 흔적만으로 식민지로 만들 수 있었다.

그러나 사실 유럽인들이 도착하기 훨씬 전부터 수천 년 동안 그 땅 위에는 엄연히 '아메리카 인디언'으로 불렸던 인디언들이 정착해 살고 있었다. 인디언들은 부족마다 자신 고유의 창조설을 믿고 있어 인정하지 않지만, 과학자들은 인디언들이 오래전 아시아 대륙으로부터 도래한 것으로 추정하고 있다. 지구의 마지막 빙하기였던 약 2만 년 전부터 1만5천 년 전 사이 오늘날의 베링해협을 건너 아메리카 대륙으로 이주했다는 것이다. 빙하기 동안 육상에 엄청난 양의 물이 결빙되어 해수면이 낮아져서 수심이 얕은 베링 해협이 바닥을 드러내 아시아에서 북미대륙으로 이주가 가능했을 것이란 주장이다. 이 무렵 북미대륙으로 건너온 아시아인들이 남쪽으로 이동하면서 불과 5천년 사이 북, 중, 남미 대륙 전역으로 확산되었다는 것이다.

과학자들의 주장에 따르면 인디언들은 최소한 수천 년에서 길게는 만 오

천년 전부터 북미 대륙 서해안에 정착해 살기 시작했다고 한다. 특히 누카 인으로 불리며 캐나다 서해안 지역에 정착해 살았던 인디언들은 세계의 다른 지역 토인들과는 매우 다른 고유의 문화를 지녔다. 커다란 나무 기둥과 들보를 이용해 지은 비교적 견고한 집에서 살았으며, 다른 나라의 토인들이 식량자원을 쫓아 계절마다 이동하면서 생활한 반면 이곳 인디언들은 비교적 한 지역에 정착해 살았다. 이들에겐 문자가 없었지만 전통 지식과 문화는 구전口傳을 통해 후세대들에게 전달되었다. 또 여러 세대들이 한집에서 함께 거주하면서 할아버지 세대의 문화와 전통이 손자에게까지 생생하게 전수될 수 있었다.

젊은 마퀴나 추장 (RBCM 자료)

© Royal British Columbia Museum

다른 지역 토인들이 식량 확보를 위한 이동과 수렵 채취에 삶의 대부분의 시간과 노력을 들인 반면, 누카 인들은 바다, 강, 육상에서 풍부한 식량자원을 비교적 쉽게 얻을 수 있어 이동에 따른 불필요한 시간 낭비를 줄이는 대신 춤, 노래, 조각, 공예와 같은 자신 고유의 문화를 발달시킬 수 있었다. 북미의 다른 지역 인디언들에 비해 이들의 문화 예술이 크게 발달한 이유도 여기에 있다. 누카 인들도 사실은 한 곳에 완전히 정착해 산 것은 아니다. 식량자원을 쉽게 얻을 수 있는 해안가에서 여름을 보내고 겨울은 혹독한 비바람과 거센 파도를 피해 좀 더 내륙 쪽의 안전한 곳에서 보냈다. 마퀴나 추장과 쿡선장의 만남이 이루어진 프렌들리 코브는 사실상 모와찻 인디언들의 여름용 주거지였다.

쿡이 누카 만에 머물던 한 달 동안 모와찻 인디언들과 자연스런 만남이

제임스 쿡의 탐험선이 정박했던 레졸루션 코브.

이루어졌다. 레졸루션과 디스커버리 두 대의 탐험선이 누카 만에 정박하자 인디언들은 통나무를 파서 만든 카누를 타고 접근해 쿡의 배를 향해 '누카 이침, 누카 이침'을 외쳤다. 서로 말이 통하지 않는 상태에서 쿡은 이들이 외치는 소리를 자신들의 부족을 일컫는 말로 착각하고 항해 일지에 누카로 기록하였다. 이후 누카는 좁게는 밴쿠버 섬 서해안 지역과 그곳의 인디언들을 일컫는 의미로, 넓게는 북미대륙 북서해안지역과 그곳에 정착해 사는 인디언들을 통칭하는 단어가 되었다. 사실 '누카 이침'은 인디언 언어로 '(만 안쪽으로 들어가지 말고) 돌아서 (자신들이 사는 마을의) 작은 포구로 오라'는 의미였다.

쿡의 방문 이후 누카라는 지명이 널리 알려지면서, 이 지역에 자생하는 식물들을 명명할 때 누카라는 지명을 사용하기도 했다. 해발 600m 이상의 높은 지역에서 자라는 옐로시다Yellow Cedar는 누카 시다Nootka Cedar

로도 불리며, 들장미 일종인 누카 장미Nootka Rose, 누카 루핀Nootka Lupine 등이 그같은 예이다. 쿡의 항해 일지에 기록된 이후 잘못 사용되어온 누카라는 이름은 1980년 이 지역 인디언 부족 간 회의를 통해 누차눌트Nuu-cha-nulth로 변경되었다. 누차눌트는 '해안산맥을 따라 있는 모든 것'이란 의미를 지닌다. 실제로 밴쿠버 섬 서해안 대부분의 지역에 살고 있는 인디언들은 같은 언어를 사용하며 같은 부족으로 분류되기에 충분할 만큼 많은 문화적 동질성을 지니고 있다.

쿡의 항해 일지에 특별히 그의 이름을 명시하지 않았으나 쿡의 탐험선이 누카 만에 정박한 후 프렌들리 코브에 위치해 있던 인디언 마을을 방문했을 때 만났던 인디언 추장은 마퀴나였던 것으로 알려지고 있다. 마퀴나 추장은 당시 20대 초반의 준수한 용모를 지닌 젊은이로 자신의 가문에서 높은 위치에 있었다. 인디언들은 굵은 나무 기둥과 들보로 만든 롱 하우스라고 불리는 전통 가옥에서 살았다. 큰 롱 하우스는 길이가 50m나 되었다. 한 집에 같은 가문의 여러 가족들이 함께 살았다. 각 집에는 각 가문을 대표하는 추장이 있었고, 마을에는 마을 전체를 대표하는 추장이 있었다. 추장 밑에는 고래잡이를 지휘하는 고래추장, 주술과 식물을 이용해 환자들을 돌보는 치유사, 바구니 등 각종 생활 집기와 도구를 제작하는 공예가 등 전문 기술인들이 있었다. 다른 부족과의 전투에서 승리하면 패전 마을 사람들을 데려와 노예로 삼았다.

마퀴나의 초대로 쿡 일행은 인디언 집 내부를 관찰했다. 집안에는 연어 등 해산물을 말리는 냄새가 진동했는데, 쿡 일행에게는 견딜 수 없는 악취였다. 냄새에 관한한 마퀴나 부족에게 쿡 일행도 크게 다를 바 없었다.

쿡의 배에 올라갔던 인디언들은 선실과 선원들로부터 나는 지독한 냄새를 견딜 수 없어 했다. 물이 귀한 선상 생활 중 제대로 몸을 씻지 못했던 선원들로부터 나는 냄새였다. 이는 6만년 동안 서로 떨어져 살다 만난 형제들이 서로에게서 확인한 커다란 문화적 이질감이었다. 그러나 그 이질감은 이어지는 존 주잇의 경우가 입증해 주듯이 서로 간의 교역이나 인디언 여성과의 결혼을 막을 만큼 크지는 않았던 것 같다.

출중한 외국어 구사 능력을 지닌 마퀴나는 탐험선 선장들과 직접 협상하며 교역능력을 발휘했다. 교역을 통해 부를 축적한 마퀴나는 젊은 나이에 마을 전체를 대표하는 추장이 되었다. 마퀴나는 대내외적 외교능력도 뛰어나 물량이 부족하거나 자신 부족 내에서 조달할 수 없었던 교역물품은 인근 지역의 다른 부족들로부터 공급받았다.

이들로부터 교역에 필요한 모피 등을 구매하고 그 대가로 식량이나 선물을 지급하는 식으로 유대관계를 맺었다. 다른 부족들이 유럽인들과 직접 접촉하는 것을 허용하지 않고 교역을 독점함으로써 지역 내에서 부와 권력을 지닌 강력한 지도자가 되었다. 그간 방문했던 모피 교역선으로부터 받은 수모와 몇 년 전 자신의 부족원이 살해된 것에 대한 보복으로 1803년 40대의 마퀴나는 프렌들리 코브에 정박해 있던 모피 교역선 보스턴 호를 습격해 25명의 선원을 살해하고 선적된 교역품들을 탈취하는데 성공한 후 이 지역에서 용맹스런 추장으로서 그의 입지를 더욱더 굳게 다졌다.

마퀴나는 살아 있는 동안 쿡의 항해일지와 주잇의 억류수기 등을 통해 소개되면서 이 지역 출신으로서 서방세계에 가장 널리 알려진 전설적인 인디언 추장이 되었다.

백인 노예

존 주잇

존 주잇은 3년 가까이 마퀴나 추장의 노예로 프렌들리 코브에 살았던 영국 출신의 젊은 선원이었다. 그는 1803년 봄 프렌들리 코브에 정박 중이던 모피 교역선 보스턴 호가 마퀴나 부족들의 습격을 받아 25명의 선원이 몰살당하는 불행한 사건에서 살아남은 2명의 생존자 중 한 사람이었다. 보스턴 호에서 칼과 도끼 같은 철제 무기를 제작하던 주잇의 재능을 탐내하던 마퀴나 추장이 그를 살려준 것이다. 마퀴나 부족의 습격 중 선실에 숨어 있었던 돛 수리공 존 톰슨은 20세의 존 주잇이 자신의 아버지라고 속여 마퀴나 일당에 의해 살해되기 직전 목숨을 건진다.

두 사람은 프렌들리 코브에 억류되었던 2년 4개월 동안 철제 무기나 사냥도구를 제작하거나 빨래 같은 허드렛일을 하면서 마퀴나 추장의 노예로 살았다. 이 기간에 존 주잇은 누카 인들 속에 살면서 이들의 삶과 문화를 생생하게 체험하게 된다. 이들이 고기 잡는 법, 고래 잡는 법, 여성들이 야생 열매를 따서 식량으로 만드는 법, 취사하는 방법, 집 짓는 법, 인디언 전통 가옥 내부의 구조, 결혼, 장례, 추장이 베푸는 잔치인 포트래치와 가무음곡을 실제로 체험하고 그 내용을 세세하게 기록한다.

노예의 신분이었지만 마퀴나의 신임을 얻은 주잇은 그와 함께 이웃 마을의 각종 행사에 초대되어 그들의 문화와 풍습을 직접 목격하고 체험할 수 있었다. 그는 또 마퀴나의 강요에 못 이겨 다른 마을의 인디언 추장 딸과 결혼하고 다른 인디언 부족을 습격하는 전투에도 참여하는 등 거주기간 동안 추장의 절대적인 신임을 바탕으로 높은 대우를 받았다. 그의 기록은 누카에서 극적으로 탈출하고 나서 책으로 출판되어 세상에 알려지게 된다. 당시 서양 사람들에게 야만인으로 알려진 누카인 밑에서 노예로 살았다가 탈출한 자체만으로도 흥미진진한 이야깃거리지만 직접체험을 바탕으로 한 생생한 그의 기록은 누카인들에 대한 삶을 처음으로 바깥세상에 알리는 계기가 되었다. 또 쿡의 항해 일지를 통해 일부 소개되긴 했지만 누카 인들의 삶과 문화에 대한 상세한 기록이 전혀 없는 상태에서 주잇의 억류 수기에 언급된 누카 인들의 생활방식과 문화는 매우 귀중한 학술적 가치가 있는 자료가 되었다.

주잇의 수기에 소개된 그의 탈출과정은 영화 속에서나 가능할 정도로 스릴이 넘친다. 주잇에게 마퀴나는 25명의 동료 선원들을 무참히 살해한 원수이지만, 부족민들의 반대에도 자신의 목숨을 특별히 살려준 은인이었다. 그 때문에 두 사람 사이에는 애증이 함께하였다. 스무 살밖에 되지 않은 젊은 나이였지만 독실한 교인이었던 주잇은 출항 전 아버지로부터 받은 성경을 매일 읽고, 아버지가 당부한 정직, 근면, 검소, 절제를 항상 실천하였다. 그 같은 성실한 태도는 곧 마퀴나와 마을 사람들의 신임을 얻게 하였으며 마퀴나의 절대적인 신뢰와 보호 아래서 노예 생활을 하게 되었다. 그럼에도, 주잇은 하루빨리 야만인들의 세계에서 탈출해 기독교도들의 문명사회로 돌아가게 해 달라고 기도를 올렸다.

주잇의 처지를 불쌍히 여겨오던 다른 마을의 한 추장이 다음번 자기 마을에 교역선이 들어오면 선장에게 대신 전달해 줄 테니 편지를 써보라는 제의를 했다. 주잇은 마퀴나 몰래 자신의 억류사실과 구조를 요청하는 내용의 편지를 써서 그 추장에게 전달했다. 그 무렵 프렌들리 코브에는 교역선의 발길이 완전히 끊어진 상태였다. 보스턴 호 사건 이후 교역선들 사이에 프렌들리 코브는 위험한 지역으로 방문해선 안 될 곳으로 알려졌었기 때문이다.

© Heritage House Publishing Company

마퀴나의 속박에서 풀려난 후의 존 주잇. 누카에서 습격당했을 때 입은 이마의 상처가 남아 있다. 출간된 자신의 억류 수기를 손에 들고 있다.(Heritage House 2000 White Slaves of Maquinna)

일 년에 몇 차례씩이나 들어오던 교역선의 발길이 끊기자 마퀴나의 부는 고갈되고 마을 사람들의 형편도 나빠지면서 추장으로서 그의 권위와 입지도 함께 쇠락하고 있었다. 1805년 7월 19일 다른 마을의 추장으로부터 주잇의 편지를 전달받은 교역선 선장 힐이 자신이 지휘하던 리디아Lydia호를 끌고 세 발의 대포를 쏘며 프렌들리 코브에 들어왔다. 주잇이 억류된 지 2년4개월 만이었다. 절호의 탈출 기회를 맞은 주잇은 흥분을 감출 수 없었다. 그러나 그는 이 기회를 놓치지 않으려고 아무렇지도 않은 척하며 하던 일을 계속했다.

마퀴나는 2년 전 사건에 대한 보복을 위해 배가 들어오고 있다고 판단하고 어떻게 대처해야 할지를 긴급 부족회의를 열고 마을 원로들과 주민들에게 의견을 구했다. 첫째는 백인 노예 주잇과 존 톰슨을 어떻게 할 것인가

1 제임스 쿡 일행이 방문한 마퀴나 부족의 전통 가옥 내부. 천정에 연어말리는 시렁이 보인다.
쿡의 탐험에 동승했던 기록화가 존 웨버의 그림(RBCM 자료) © Royal British Columbia Museum
2 밴쿠버 UBC 대학 박물관 뒤뜰에 전시된 인디언 전통 가옥 실물크기 모형.

와 둘째는 마퀴나 자신이 배에 올라가 선장과 직접 교역 협상을 할 것인가에 대한 의견이었다. 보복이 두려운 일부 추장과 마을 사람들은 주잇과 톰슨을 죽여 흔적을 없애고 보스턴 호는 다른 마을에서 습격당했다고 둘러대자고 했다. 일부는 두 백인 노예를 배가 떠날 때까지 보이지 않는 먼 곳으로 보내버리자고 했다. 주잇을 좋아하던 마을 사람들은 그를 지금 들어온 배에 태워 자기 나라로 보내야 한다고 주장했다. 마퀴나는 두 사람을 풀어주는 것에는 동의할 기색을 전혀 보이지 않았다.

두 번째 질문에 대해서도 마을 사람들은 부정적이었다. 마퀴나가 배에 타면 선원들이 그를 죽이거나 감금시킬 것으로 판단했다. 오랜만에 찾아온 교역의 기회를 놓치고 싶지 않은 마퀴나는 마지막으로 주잇의 의견을 물었다. 주잇은 마퀴나에게 백인들은 자신을 해치지 않는 사람들을 먼저 해치지 않는다는 점을 강조하고 안전을 보장할 수 있도록 조처를 한 후에 배에 올라가는 것이 좋을 것이라고 말했다. 잠시 무언가 생각을 한 마퀴나는 자신의 안전을 위해 주잇에게 선장한테 보내는 편지를 써주도록 요구했다. 편지에는 자신이 그동안 주잇과 존 톰슨을 보살피고 잘 대해주었다는 점을 강조하도록 지시했다.

주잇은 영어를 듣고 말할 줄 알았지만, 글을 읽을 줄 몰랐던 마퀴나 앞에서 마퀴나의 지시와는 다르게 아래와 같이 편지를 썼다.

'이 편지의 소지자 마퀴나는 나의 동료 선원 25명을 죽인 인디언 추장이므로 즉시 체포하고 탈출하지 못하도록 배 안에서 감금해 두시기 바랍니다. 그사이 저와 존 톰슨은 마을에서 이 배로 탈출을 시도하겠습니다. 존

인디언들은 가무에 능했다. 새로 조각한 토템 기둥 설립 축하 의식. 뱀필드

주잇.'

마을 사람들과 부인들의 반대를 무릅쓰고 모피교역 재개를 위해 리디아 호에 오른 마퀴나는 주잇의 편지를 힐 선장에게 전달했다. 편지를 읽은 선장은 주잇의 요청대로 마퀴나를 즉각 체포해 수갑을 채워 감금시켰다. 마퀴나를 카누에 태우고 왔던 부하들이 자신들의 추장이 체포되어 수갑을 찬 것을 목격하고 곧바로 마을에 돌아가 이 사실을 사람들에게 알렸다.

자신들의 추장이 인질로 잡힌 사실에 마을 사람들은 분노와 공포에 떨었으며 마을은 발칵 뒤집혀 아수라장으로 변했다. 사람들은 무기를 꺼내와 정박한 리디아 호와 일전 불사할 태세를 취했다. 일촉즉발의 위기상황이 전개되었다. 사람들은 주잇이 쓴 편지에 마퀴나에 대해 나쁜 내용을 썼기 때문에 그가 체포되었다고 판단하고 주잇과 톰슨을 죽이겠다고 위협했다. 마을의 원로들이 흥분한 마을 사람들을 진정시키고 주잇에게 마퀴나를 살려내려면 어떻게 하는 것이 좋을지를 물었다. 주잇은 선장은 자신과 톰슨을 석방하기 위해 마퀴나를 인질로 붙잡아두었을 것이라고 설명하고 톰슨과 자신을 석방해주면 마퀴나도 풀려날 것이라고 했다. 그러려면 일단 톰슨을 먼저 배에 올려 보내 선장에게 자신까지 풀려나기 전까지 마퀴나를 해치지 말라고 긴급히 요청해야 할 필요가 있다고 원로들에게 제의했다. 원로들은 동의했고 톰슨은 먼저 리디아 호에 올라가 탈출에 성공했다.

혼자 해변에 남은 주잇은 마을 원로들에게 다음과 같은 자신의 탈출과 마퀴나의 석방 방법을 제의했다. 우선 카누로 리디아 호 근처에 접근한 다음 선장과 대화를 통해 마퀴나를 태운 작은 배와 자신을 태운 카누가 리

누카 섬의 야생적 해안 경관

디아 호에서 좀 떨어진 바다 위에서 만나도록 한 다음 마퀴나와 자신이 서로 상대방의 배로 갈아타는 방법이었다. 원로들은 이에 동의했고 대신 주잇을 태운 카누엔 3명의 건장한 인디언이 함께 탈 조건을 제시했다. 혹시 주잇이 먼저 탈출을 시도하거나 힐 선장이 배신하고 마퀴나를 풀어주지 않을 경우가 발생하더라도 3명이 실력으로 제압해 주잇을 인질로 계속 붙잡아 둘 수 있다고 판단했기 때문이다.

주잇을 태운 카누가 리디아 호에서 조금 떨어진 곳에 이르러 3명의 인디언이 노 젓기를 멈추었을 때 주잇은 옷 속에 몰래 감추어 온 권총을 꺼내 겨누고 소리쳤다.

"계속 노를 저어라, 저 큰 배가 있는 데까지 빨리 노를 저어!"

카누가 리디아 호 선 측에 접근한 다음 배 위의 선원들의 도움을 받아 탈출에 성공했다. 주잇에게서 보스턴 호와 선원들의 운명을 상세히 전해 들은 힐 선장은 마퀴나를 죽여 보복할 것을 주장했으나 마퀴나가 원수이기도 하지만 그에겐 생명의 은인이기도 했던 주잇의 적극적인 설득으로 실행에 옮기지 않았다. 주잇은 밧줄에 손이 묶여 있는 마퀴나를 만났다.

마퀴나는 억류 기간에 자신과 관계가 좋지 않았던 존 톰슨과 리디아 호 선장이 자기를 살해할지 모른다는 공포감에 떨고 있었다. 주잇은 마퀴나를 진정시키고, 그의 집에 아직도 남아있는 보스턴 호에서 약탈한 대포를 포함한 각종 무기와 물건들을 돌려주면 풀어주겠다고 했다. 마퀴나는 그 조건을 수락했다. 주잇은 마퀴나가 약탈한 물건을 회수하는 것은 살아남은 선원으로 선주에게 지켜야 할 최소한의 의무라고 생각했기 때문이다.

자신의 노예에서 생명의 은인으로 변한 주잇과 작별을 나누던 마퀴나는 감정이 북받쳐 오르는 듯 마주 잡은 손위에 굵은 눈물을 뚝뚝 떨어뜨렸다. 리디아 호는 4개월 후 북쪽의 퀸샬럿 섬에 가서 물물교환 마치고 11월경엔 다시 남쪽으로 내려올 예정이었다.

"존, 너도 잘 알다시피 그 무렵이면 우리는 험한 날씨를 피해 내륙 쪽으로 거처를 옮겼을 때야. 하지만 존, 그때 꼭 다시 들러, 너와 힐 선장을 위해 최고의 선물을 준비해 놓을게. 누카 만에 들어와 예포 세 발을 쏘면 그 소리를 듣고 달려나올게!"

마퀴나와 주잇은 프렌들리 코브에서 4개월 후 다시 만날 기약을 하고 작별을 나누었다.

원시의 숲으로 덮인 누카 섬 서해안은 오늘날 아무런 일이 없었던 듯 야생 상태로 남아 있지만 200여 년 전엔 탐험선 선장과 인디언 추장, 백인 노예가 세계 역사의 흥미로운 한 부분을 만들어 가고 있었다.

02 자연과 미적 체험

캘빈 폭포. 높이가 6미터 정도밖에 되지 않는 작은 폭포다.

인공물이나 유물이 아닌 살아있는 식물을 전시해 놓은 식물원은 관람자에게
박물관과는 다른 미적체험을 제공한다. 캐나다 부차드 가든

미적 체험

우리는 아름다움을 체험하려 할 때 흔히 박물관이나 미술관 또는 연주 홀을 찾는다. 화랑에 걸려 있는 아름다운 풍경화와 전시대 위에 놓여 있는 3차원의 예술작품들은 관람객들의 시선을 끌고 시각을 자극하는 미적 체험을 가져다준다. 콘서트홀에선 박물관이나 미술관과는 달리 우리의 청각을 즐겁게 자극하는 아름다움을 경험하게 된다. 또 종합 예술로 불리는 영화는 움직이는 활동 사진, 배우들의 육성, 배경음악 및 특수 효과 등을 이용해 우리의 다양한 감각기관을 자극하며 관람시간 내내 영화제작자가 설정한 실제와 같은 상황에 몰입되는 미적 경험을 하게 된다. 많은 사람이 기꺼이 입장료를 내고 박물관, 미술관, 음악 공연장, 영화관을 찾는 이유도 관람을 통해 얻게 될 이 같은 미적 경험에 대한 기대 때문일 것이다.

인공물이 아닌 자연물을 전시해 놓은 식물원, 수목원, 동물원, 수족관도 미적 체험을 할 수 있는 공간이다. 형형색색의 꽃들이 만발한 식물원은 관람자들에게 아름다운 그림들이 전시된 미술관보다 훨씬 큰 미적 체험을 가져다줄 수 있다. 다양한 나무들을 심어 배치해 놓은 수목원도 아름답다. 가까운 거리에서 안전하게 야생동물들을 관람할 수 있는 동물원도 미적 체험 공간이 될 수 있다. 조련사의 신호에 따라 흥미로운 동작을 연기하는

실내에서 예술품을 대상으로 한 미적체험 활동. 파리 루브르 박물관

동물이나 돌고래 같은 해양 포유동물들도 관람자에게 즐거움과 함께 미적 체험을 안겨다 준다.

시간성이나 공간성이 추가되면 우리의 미적 체험은 훨씬 더 깊고 풍부해진다. 박물관에 전시된 유물로부터 우리는 옛사람들의 생활을 현재와 비교하면서 색다른 미적 체험을 한다. 예술작품들도 시간이 흐르면서 고색이 창연해지며 아름다움의 깊이를 더해 간다. 수백 년 전에 제작된 예술가의 작품 앞에서 그의 작품 배경과 작가의 의도를 파악하고 그가 추구하려

했던 아름다움을 공유하면서 우리는 그가 살았던 시대 일부를 체험하게 된다.

시간 여행이 추가된 미적 경험은 박물관, 고궁, 유적지에서 가능하다. 이 같은 경험은 우리를 과거와 연결해 내가 살지 않았던 시대를 부분적으로나마 경험하는 특별한 미적 체험을 가져다준다. 그리스나 로마의 신전 앞에서 서면 우리는 마치 타임머신을 탄 듯 그리스의 철학자나 로마의 황제들이 살았던 이 천여 년 전 전으로 되돌아가는 시간 여행을 하게 된다. 이집트의 피라미드나 스핑크스 앞에 서면 우리는 그리스나 로마시대보다 더 먼 과거로 되돌아가는 경험을 할 수 있다. 더 먼 과거로 가면 갈수록 우리의 미적 체험의 깊이는 깊어진다. 사람들은 이처럼 시간성이 추가된 미적 체험을 위해 고적답사를 하거나 문명발원지로 떠나는 외국여행에 많은 돈과 시간을 아낌없이 투자하기도 한다.

앞에 소개한 유리공은 내가 최초의 발견자는 아니지만, 분명히 내게 특별한 아름다움을 체험하게 한 훌륭한 대상이었다. 그러나 유리공을 통해 내가 경험한 아름다움은 박물관이나 미술관에서 경험했던 미적 체험과는 유사한 점도 있지만 다른 점도 많다. 우선 유사한 점은 유리공은 박물관의 유물과 마찬가지로 인간의 손에 의해 제작된 물건이다. 유리공이 해류를 타고 이동한 다음 파도에 밀려 해안에 도착한 것이 다를 뿐 옛사람들이 쓰던 물건이란 점에서 고분이나 패총 등에서 출토된 유물이나 큰 차이가 없다. 박물관의 유물들처럼 유리공도 보는 사람들에게 미학적 체험을 선사한다. 박물관의 유물은 그것이 제작되고 사용된 시대와 장소로 우리를 이끌고 가면서 공간성과 시간성이 포함된 미적 체험을 가져다주듯이 캐나다에서 발견된 유리공은 보는 이로 하여금 태평양을 건너 아시아에서 이들이 어구로 사용되던 1960년대로 상상의 나래를 펼치게 한다. 또 아시아와 북미가 태평양에 의해 단절된 곳이 아니라 오히려 태평양에 의해 영향을 주고받는 관계에 있다는 사실을 유리공이 확인시켜 준다.

조각품은 시각적으로 제한되긴 하지만 3차원의 미적체험을 가져다준다. 파리 루브르 박물관

그러나 박물관이나 미술관처럼 실내에서 경험하는 아름다움은 주로 시각적 아름다움이며 미적 경험은 특정 공간 안으로 제한된다. 박물관의 유물과 미술관의 예술작품들은 전시대나 화폭에 고정되어 정지된 상태에 있고 이들의 아름다움은 주로 우리의 눈을 통해서 전달된다. 전시된 유물과 예술작품은 관람객의 접촉이나 후각, 청각, 미각 등을 이용한 미적 체험을 허용하지 않는다. 반면 유리공과 관련한 나의 미적 체험은 화폭이나 전시대와 같은 좁은 공간에 국한되어 이루어진 것이 아니라 그것이 발견된

바다와 숲과 같은 자연환경과 연관되어 이루어졌다. 또한, 그 같은 체험이 이루어지는 공간이 박물관이나 미술관과 같은 인공적 장소가 아니라 자연 속이란 점도 내 경험의 질을 높여주었다.

박물관의 유물과 미술관의 작품들은 움직이지도 않을 뿐더러 시간의 흐름에 따른 변화도 거의 일어나지 않는다. 반면 우리의 유리공은 폴과 그의 여자 친구에 의해 발견되기 전까지 오랜 기간 해류를 따라 이동했고 해안가에 도착해서는 조석간만에 의해 바다와 육지를 끊임없이 들락거리면서 밴쿠버 섬 서해안의 살아있는 경관의 일부로 존재하고 있었다.

박물관에서는 유물 자체의 아름다움도 있지만, 학예관들의 치밀한 기획과 의도적 노력에 따라 이루어진 전시로부터도 아름다움이 창출된다. 식물원이나 수목원의 아름다움 역시 원예 전문가들의 꾸밈과 노력으로 창출된 아름다움이다. 동물원이나 수족관에서 체험하는 아름다움 또한 조련사들에 의해 훈련되고 기획된 인공적인 아름다움이다. 그러나 유리공은 그 같은 인위적 의도나 기획 없이 우연하게 만들어진 아름다움이다. 더욱이 유리공을 통해 내가 체험한 아름다움은 박물관 공간이 아닌 원시의 숲과 바다가 맞닿은 야생 자연 속에서 이루어졌다. 같은 유물이지만 유리공에는 박물관의 유물에서는 경험할 수 없는 자발적이고 자연스런 아름다움이 있었다. 유리공은 나에게 미적 경험의 질을 높여 주었으며, 나로 하여금 숲 속에 감추어진 유리공을 꺼내오는 모험을 감행하게 한 원동력이 되었다.

미적 체험 공간으로서 자연

만일 미적 체험 대상이 유리공처럼 인간이 만든 물건이 아니라 살아 있는 생명체였다면 우리의 미적 체험은 어떻게 변할까? 우리의 미적 체험 대상이 태평양을 직접 횡단하며 살아가는 로거헤드 바다거북이었다면 이들을 통한 우리의 미적 체험은 어떻게 달라질까? 로거헤드 바다거북은 14,000km의 태평양을 횡단해 일본의 야쿠시마 섬에서 산란하고 태평양을 다시 가로질러 멕시코의 바하 캘리포니아로 돌아가 성장과정을 거친다. 하와이 근해에서 월동하고 여름 동안 캐나다 비씨 주를 거쳐 알래스카까지 북상했다가 돌아가는 혹등고래라면 어떨까? 멕시코에서 월동하고 봄과 여름은 캐나다까지 왔다가 돌아가는 루퍼스 벌새라면 어떠할까? 사실 유리공처럼 지구 상에는 광대한 공간을 무대로 생명활동을 하며 살아가는 생명체들이 뜻밖에 많이 존재한다. 청어, 연어도 광활한 바다를 무대로 살아가는 생명체들이다. 해안가로 몰려와 산란하는 청어와 자신의 모천으로 회귀한 연어를 보았을 때 우리는 뭔가 다른 아름다운 경험을 하게 된다. 유리공도 매우 훌륭한 미적 대상이었지만 생명체로부터 느끼는 아름다움은 유리공에서 느낄 수 없는 또 다른 차원의 아름다움일 것이다.

더 나아가 우리의 미적 체험 대상이 바다거북, 고래, 벌새, 연어, 청어와 같은 개개의 생명체가 아니라 수많은 생명체가 한 곳에 모여 이루어진 숲이나 바다 같은 생태계라면 우리의 미적 체험은 또 어떻게 달라질까? 이들 생태계로부터 경험하는 아름다움 또한 박물관, 미술관, 음악공연장에서와는 전혀 다른 차원의 아름다움일 것이다.

마찬가지로 우리의 시간 여행의 대상이 과거의 영웅호걸이나 그들이 남긴 건축물이나 유물이 아니라 자연이라면 우리의 미적 체험은 어떻게 달라질 수 있을까? 앞서 살펴보았듯이 우리보다 앞선 삶을 살았던 이들의 자취를 찾아 과거로의 시간 여행을 하는 것도 훌륭한 미적 체험이 될 수 있다. 그러나 우리의 시간 여행 대상이 쿡, 마퀴나 추장, 주잇이 아니라 그들이 살아 있을 당시부터 지금까지 같은 자리를 지키고 있는 거대한 싯카 가문비나무, 시다, 헴록과 같은 나무들이거나, 또는 이들이 모여 만들어진 오래된 숲이라면 우리의 미적 체험은 어떻게 달라질까?

자연은 미학적 연구 대상으로 가장 소홀히 다루어진 분야다. 그동안 아름다움에 대한 우리들의 인식과 이해는 자연과는 무관한 것으로 여겨져 왔다. 아름다움을 연구하는 학문분야인 미학이 최근까지 거의 전적으로 인간이 만든 예술품이나 유물에 바탕을 두고 발전해 온 것에서도 그 같은 사실을 확인할 수 있다. 그러나 미학적 체험은 반드시 박물관이나 미술관 또는 공연장과 같이 실내에서만 일어나는 현상은 아니다. 자연은 매우 훌륭한 미학적 체험 공간이며 우리는 인간이 만든 예술품에 대해서만 감동을 하고 희열을 느끼는 것이 아니라 자연현상에 대해서도 똑같은 반응을 일으킨다.

벚꽃이 활짝 핀 화창한 봄날 벚나무 아래 서면 우리의 마음은 야릇한

자연은 훌륭한 미적체험 대상임에도 불구하고 그동안 미학 연구대상으로 가장 소홀히 다루어졌다. 싯카 가문비나무 숲, 캐나다 밴쿠버 섬

흥분에 들뜬다. 밤하늘을 초롱초롱 수놓은 별들을 보면 무한한 우주 속에서 지구와 나 자신의 존재가 새롭게 느껴지면서 우리의 가슴은 떨리고 팔뚝에는 굵은 소름이 돋아난다. 아름다움에 대해 우리의 신체가 일으키는 생리적 반응이다. 생명의 탄생과 죽음은 최고의 미학적 체험이다. 오늘날 인간의 생명은 병원 같은 인공적 환경에서 태어나고 종말을 맞이하기 때문에 자연과 무관한 것으로 착각할 수 있다. 그러나 생명의 탄생과 죽음은 엄연한 자연적 현상이며 비록 인공적 환경 속이긴 하지만 여전히 우리는 눈

물로 이 자연적 현상의 아름다움에 반응한다.

사실 매년 박물관이나 미술관을 찾는 사람보다 훨씬 더 많은 사람이 자연 속에서 아름다움을 체험하고 있다. 매년 봄 여의도 윤중로나 진해시는 흐드러지게 핀 벚꽃의 환상적인 분위기에 젖어보려는 가족과 연인들로 붐빈다. 5월이면 지리산 소백산 한라산 등 전국 명산의 정상 부근 아고산지대를 붉은색으로 수놓는 철쭉꽃의 장관을 보려는 사람들로 인산인해를 이룬다. 여름은 산, 바다, 강으로 사람들이 자연을 가장 많이 찾는 계절이다. 가을 단풍철이 되면 설악산 천불동 계곡, 내장산, 지리산 피아골은 발 디딜 틈이 없을 정도로 많은 인파로 몸살을 앓는다. 겨울도 예외는 아니어서 위험을 무릅쓰고라도 눈 덮인 산을 밟아 보려는 사람들 때문에 눈 내린 다음 겨울 산엔 평소보다 더 많은 등산객이 몰린다.

우리는 자연 속에서 보내는 이 같은 시간을 굳이 미적 체험으로 인식하지 않는다. 대신 이들을 등산, 캠핑, 산책, 가족이나 친구들과 나들이, 또는 야외 스포츠 활동 같은 것으로 받아들이기 때문에 미적 체험은 그 같은 활동 속에 희석되어 두드러지게 나타나지 않는다. 그러나 개인적 감수성이나 자연에 대한 지식 등에 따라 큰 차이가 있을 수는 있어도 사실 사람들은 자연 속에서 시간을 보내면서 감격하고 즐거워하며 때로는 긴장하면서 자신도 모르게 숲, 산, 바다, 강에서 또는 그들을 구성하는 개개의 생명체들을 대상으로 미적 체험을 하고 있다.

자연 속에서 경험하는 미적 체험은 박물관이나 음악 공연장에서 경험하는 미적 체험과는 큰 차이가 있다. 숲은 뿌리가 깊이 내리는 곳이며, 생명이 바닥에서 높이 솟아오르는 곳이다. 숲은 사람들이 원시적 요소들을 날것으로 순수하게 접촉할 수 있는 공간이다. 숲은 보아야 할 대상이 아니라 들어가서 직접 느껴야 할 대상이다. 숲에 들어가면 우리의 눈뿐만 아니라 귀, 코, 혀, 피부를 자극하는 다양한 대상들과 마주치게 된다. 이런 자극들이 우리 신경을 공격하며 우리의 순간적 경험을 형성한다. 박물관이나 미술관의 회랑도 일종의 환경으로 우리의 경험에 영향을 주지만 숲과 한몸이 되는 경험과는 큰 차이가 있다.

자연이 신이 만든 작품이라면 신의 섭리나 창조주의 숨은 의도가 있을 수 있겠지만, 그렇지 않다면 자연세계에는 예술가의 의도나 작품 배경 같은 것이 존재하지 않는다. 숲 속의 나무들은 어떤 의도를 갖고 숲을 방문한 사람들에게 보여주기 위해 줄기와 가지를 뻗고 녹색의 잎을 달고 있지 않다. 철쭉꽃이나 단풍나무는 우리 인간에게 보여주려고 일부러 그 같은 아름다운 모습과 색깔을 띠고 있지 않다. 자연은 예술작품과는 달리 아름다움을 창조하기 위한 인간의 치밀한 계획과 의도가 존재하지 않는 자발적이며 자연스런 아름다움을 지닌다.

자연은 시각적 아름다움만 지닌 것이 아니라, 예술품이나 유물에서는 경험할 수 없는 자발적, 오감적, 생태적, 신체 역학적 아름다움을 지닌다. 또한, 자연은 예술품이 가지지 못하는 태고성과 영원성의 아름다움도 지니고 있다.

갈매기들의 분투

캘빈 폭포

하이킹 3일째 스쿠나 베이 북쪽 끝에서 출발한 폴과 나는 물이 빠진 해안선을 따라 걸었다. 이날은 한 번도 숲 속으로 들어가지 않고 물이 빠져 노출된 해변을 온종일 걸었다. 바다 물 위에 잔뜩 드리워졌던 짙은 안개가 아침 햇살에 걷히면서 해안선을 감싸며 우뚝 솟은 바이트 콘 산봉우리가 안갯속에서 모습을 드러내고 있었다. 산봉우리는 해안선 가까이 있었고, 오염 없는 맑은 해안 공기 속에 우뚝 솟아 있었다. 산사태, 산불, 벌채 등의 흔적이 하나도 없이 산봉우리는 눈이 시릴 정도로 푸르렀다.

스쿠나 베이 해변은 고운 모래 백사장으로 이루어져 있다. 물이 빠진 바닷물의 가장자리를 따라 걸으면 모래가 적당히 단단해 걷기 편했다. 하이킹의 매력은 자연경관 속을 걸으면서 그 경관과 지형이 만들어내는 분위기에 젖어보고 그곳에서 발산되는 에너지와 아름다움을 느껴보는 데 있다.

누카 섬 하이킹의 특별한 매력은 왼쪽엔 원시의 숲, 오른쪽엔 원시의 바다를 끼고 걷는 데 있다. 아무도 없는 공간을 걷다 보면 주변의 경관과 매우 깊은 밀착감을 느낄 수 있다. 폴과 나는 어제 아침부터 해안선을 따라 걸으면서 해안의 숲과 바다가 뿜어내는 야생적 분위기 속에 흠뻑 취해 걷고 있었다. 전혀 다른 두 생태계인 숲과 바다가 서로 맞닿아 있는 모습은 매우 아름답다. 마치 남녀가 만나 한몸이 된 모습이다. 숲에서 나와 곧바로 바다로 흘러들어 가는 많은 개울은 실제로 이 두 생태계를 하나로 엮어주고 있었다. 숲, 바다, 개울이 서로 연결되어 하나의 큰 생태계를 이루고 있었다.

스쿠나 베이 남쪽 끝을 돌아서자 해안선이 약간 안쪽으로 휘어 들어가면서 길고 큰 만을 만드는 곳이 나타났다. 만의 한가운데는 캘빈 폭포가 숲 속의 물을 바다를 향해 하얗게 거품을 만들며 토해 내고 있었다. 폭포의 높이는 6m 정도밖에 되지 않지만, 폭은 높이의 두 배를 넘을 것 같았다. 천지연 폭포처럼 높은 절벽에서 허공으로 떨어지는 인상적인 모습의 폭포라기보다 경사가 약간 급한 바위 언덕을 타고 흘러내리는 수준의 폭포였다.

그렇긴 해도 캘빈 폭포는 바호 포인트와 함께 40여km의 누카 트레일에서 뚜렷한 랜드마크를 만들고 있었다. 폭포가 만드는 하얀 물거품이 푸른색으로 일관된 해안선 가운데서 돋보이기 때문이다. 하이킹을 시작하기 위해 북쪽의 루이 베이로 가는 수상 비행기에서 내려다보면 눈에 띄는 경관이기도 하며, 인근지역을 항해하는 선박에서도 가장 뚜렷하게 보이는 지형지물이다.

건조기인 여름엔 수량이 많지 않았지만, 비가 많이 내리는 겨울엔 폭포로 떨어지는 물의 양이 엄청날 것 같다. 실제로 폭포 아래엔 수영장처럼 넓고 깊게 팬 물웅덩이가 자리 잡고 있었다. 폭포에서 바닷물까지는 불과 40-50m밖에 되지 않는다. 폭포로 흘러내린 물은 조그만 개울을 만들고 백사장을 가로질러 바다로 흘러들어 가고 있었다. 그 주위에는 수천 마리의 갈매기들이 무리를 지어 앉아 있었다. 민물과 바닷물이 합류되는 하구에는 물고기들의 먹잇감이 풍부하고 포식자들이 접근하기 곤란해 많은 작은 물고기들이 몰려 있는 곳이다. 갈매기들은 이들 작은 물고기들을 잡아먹으려고 바닷가에 진을 치고 있었다.

우리는 이곳에서 잠시 쉬었다가 가기로 했다. 폭포 근처에 쓰러진 통나무에 기대어 바다 쪽을 향해 앉았다. 해안가의 키 큰 가문비나무들이 우리가 앉아 있는 곳까지 그늘을 만들어 주고 있었다. 갈매기들은 민물과 바닷물이 만나는 하구지역을 벗어나지 않고 바다에서 불어오는 강한 바람을 고스란히 맞으며 앉아 있었다. 앉아 있던 갈매기 한 마리가 무슨 이유 때문에 날면 바로 인근의 갈매기들이 뒤이어 날아오르고 마치 도미노 게임처럼 그 옆의 갈매기들이 덩달아 하늘 높이 솟아오르면서 해안가에 앉아 있던 모든 갈매기 모두가 하늘로 솟아오른다. 하늘로 날아오른 갈매기들은 두 다리를 모아 뒤로 뻗은 다음 고개를 양옆으로 돌리며 좌우를 살피면서 활공한다. 수천 마리의 갈매기들이 일시에 날아올라 하늘을 까맣게 덮고 일제히 움직이는 모습은 야생의 살아있는 아름다움이다.

오늘날 환경오염이나 멸종 등으로 새들의 개체 수가 감소하면서 무리를 지어 하늘을 나는 새들이 펼치는 장관을 보기가 점점 어려워지고 있다. 우리나라의 서해안에서 월동하는 가창오리들이 펼치는 군무나 높은 가을하늘을 수놓으며 이동하는 기러기 편대들의 아름다운 모습을 아직 볼 수 있는 것은 그나마 다행이다.

갈매기는 식성이 매우 좋아 먹이가 될 수 있는 것은 닥치는 대로 먹어치운다. 겨울철엔 바위에 붙어 있는 껍질이 비교적 얇고 부드러운 어린 홍

1 차례로 비상하는 갈매기들
2 바다에서 조개를 물고 돌이 있는 해변으로 날아가는 갈매기
3 청어 알을 뜯어 먹는 갈매기들

합들을 통째로 삼켰다가 껍질들은 배설물과 함께 배출한다.

불가사리의 겉껍질은 작은 돌 알갱이 같은 것이 무수히 박혀 있고 신체 자체가 살이라기보다는 딱딱한 돌덩이 같아 먹잇감이 될 수 있는 요소가 거의 없어 보이지만 갈매기에게는 맛있는 먹이가 된다. 불가사리는 생긴 모습도 먹기에 불편하고, 크기도 갈매기가 먹기에 너무 큰 것 같은데도 갈매기들은 이를 집어 입에 물고 있다가 고개를 하늘을 향해 들고 목구멍으로 꿀꺽 넘긴다. 불가사리가 갈매기 목구멍을 타고 내려갈 때는 갈매기 목 부위가 불룩 솟아나는 모습이 밖에서도 보일 정도이다. 불가사리는 물속에서는 식욕도 왕성하고 닥치는 대로 잡아먹는 포식자이다. 홍합도 어릴 때는 갈매기의 밥이 되기도 하지만 불가사리의 천적으로 갈매기의 존재는 홍합들에게 그저 고마울 따름이다. 갈매기들이 잡아먹는 어린 홍합은 천적 제거를 도와준 갈매기들에게 바치는 수고비 정도로 생각해야 할 것이다.

1848년 미국 유타주에 메뚜기들이 극성을 부리며 농작물에 막대한 피해를 주고 있을 때 캘리포니아 갈매기들이 떼를 지어 날아와 메뚜기들을 깨끗이 소탕한 것은 매우 유명한 이야기이다. 유타 주의 모르몬교도들은 자신들의 식량을 보호해준 갈매기들에게 감사의 표시로 갈매기를 유타 주를 상징하는 새로 지정했다.

캐나다 서해안의 갈매기들은 일 년 중 두 번의 포식을 하는 기회가 있다. 해안가 해초에 산란하는 청어 떼들이 돌아오는 봄철과 연어들이 바다에서 자신의 모천으로 회귀하는 가을철이다. 자신의 몸무게보다 큰 연어를 상대하기는 버겁지만, 작은 청어는 갈매기가 상대하기가 매우 쉬운 먹잇감이다. 바닷물 위를 낮게 날면서 해안가의 얕은 물 속에서 움직이는 청어 떼를 보고 쏜살같이 내려와 청어를 잡아 입에 물고 나는 녀석들을 보면 매우 행복한 표정이 얼굴에 가득하다. 이 녀석들은 또 청어들이 산란한 해초에 붙은 청어알만으로도 며칠 동안 배불리 먹을 수 있다. 청어가 돌아오면 조용하던 바닷가는 갈매기 떼들이 행복에 겨워 질러대는 소리로 요란하다. 청어가 돌아온 봄 바닷가는 살아 펄펄 뛰는 온갖 생명의 소리로 가득하다.

과거 농경시대엔 수확해 둔 식량이 이듬해 봄쯤 동이나고 늦봄 수확하기에는 아직 일러 먹을 것이 없는 춘궁기를 보릿고개라고 불렀다. 식량 저장, 가공 기술이 발달하고 경제가 발전하면서 춘궁기는 이제 옛말이 되었지만, 자연의 리듬에 따라 사는 동물들에겐 먹이가 사라지는 시기가 있게 마련이다. 곰들은 먹이를 구하기 어려운 겨울철엔 아예 먹이 찾기를 포기하고 동면에 들어간다. 철새들도 먹을 것이 떨어지는 겨울이 오면 남쪽으로 이동한다. 캘리포니아 갈매기들처럼 일부 갈매기는 여름 동안 내륙지역에 있다가 따뜻한 곳에서 겨울을 보내려고 비씨 주 해안지역으로 이동한다. 반면 흰 갈매기들은 일 년 내내 비씨 주 해안지역에서 산다. 겨울철 해안지역은 비교적 따뜻해 월동하는 데는 문제가 없지만, 먹이가 여름철보다 풍부하지 않아 갈매기들에게 겨울은 견디기 어려운 곤궁한 시기이다. 봄에 청어가 돌아올 때까지 갈매기들은 힘들지만, 매우 영리하게 겨울을 견디어 낸다.

갈매기들은 바닷물이 빠지면 물가나 얕은 물 속을 뒤져 작은 모시조개나 대합조개를 찾아 입에 물고 육지 쪽으로 날아와 입에 문 조개를 바위 위에 떨어뜨려 깬 다음 조갯살을 먹는다. 이 녀석들이 조개를 떨어뜨리는 높이는 조개가 바위에 떨어지면 깨질 만큼만의 높이에서 떨어뜨린다. 학자들은 이들이 찾는 조개의 무게나 크기에 맞추어 최적의 높이로 난 다음 떨어뜨린다고 한다. 너무 높은 곳에서 떨어뜨리면 깨질 확률이 높아지지만, 갈매기가 내려오기 전 지상에 있던 다른 갈매기나 까마귀, 밍크, 수달 같은 경쟁자들에게 빼앗길 수 있기 때문이다. 이 때문에 녀석들은 조개를 떨어뜨리자마자 황급히 땅 위로 내려온다.

갈매기들이 바다로 나가 조개를 찾아 입에 물고 날아와 떨어뜨려 깨 먹는 데까지 걸리는 시간은 1분에서 2분 정도이다. 이들은 물이 빠져 있는 4-5시간 동안 부지런히 바다와 해안을 들락거리면 100여 개 정도의 조개로 주린 배를 채운다. 갈매기 입에 물린 작은 조개를 보면 저렇게 작은 것들을 먹고 과연 갈매기가 조개를 찾고 입에 물고 이동한 다음 떨어뜨려 깨 먹는 데까지 드는 에너지를 보충할 수 있을지 의문스럽다. 청어가 돌아와 손쉽게 큼직한 살코기를 잡아먹거나 바위섬의 해초에 바늘구멍만큼의 틈도 없이 달라붙어 있는 청어 알을 소가 풀을 뜯듯 먹는 것에 비하면 조개를 깨 먹는 일은 참으로 고역이 아닐 수 없다. 갈매기에게는 고역일지 몰라도 이들이 물과 육지를 오가며 열심히 먹이를 먹는 모습은 생존을 위해 분투하는 아름다운 모습임이 틀림없다.

이곳에서 조개를 바위 위에 떨어뜨려 깨 먹는 새는 갈매기뿐만 아니다. 까마귀들도 갈매기와 마찬가지 방법으로 조개를 찾아 공중에서 떨어뜨려 깨 먹는다. 이들이 조개를 떨어뜨리는 모습을 비교해 보면 까마귀들이 훨씬 더 영리해 보인다. 갈매기들은 물고 있던 조개를 공중에서 놓으면서 떨어뜨리지만, 까마귀들은 갈매기들보다 더 낮은 위치에서 떨어뜨리되 조개를 문 부리를 아래서 위로 추어올리면서 자기 머리보다 더 높게 위쪽으로 던져 떨어뜨린다. 땅에 떨어진 조개를 다른 포식자에게 빼앗길 확률을 낮추기 위한 재치다.

캘빈 폭포 아래는 물이 제법 깊이 고여 있어 수영하기 좋았다. 수영하기에는 약간 이른 오전이었지만 어차피 수심이 깊은 이 개울을 건너려면 옷을 벗고 건너야 하기 때문에 개울을 건너면서 자연스럽게 몸이 물에 젖게 되었다. 차가운 민물에 몸을 담그고 나니 몸이 날 듯 상쾌해졌다. 폴과 나는 이곳에 도착했을 때보다 훨씬 가벼워진 발길로 다음 목적지인 바호 포인트를 향해 걷기 시작했다.

바호포인트

캘빈 폭포를 떠나니 드넓게 펼쳐진 모래사장이 나타났다. 물이 빠지면서 파도가 마치 머리 빗듯 곱게 다듬어 놓아 백사장 표면은 한 점의 흠도 없었다. 깨끗한 모래사장에 우리의 발자국을 남기는 것이 마치 자연이 조금 전 완성한 예술품을 훼손하는 것 같아 왠지 미안한 기분이 들었다.

누카 하이킹의 묘미는 이처럼 길이 없는 곳을 걷는 데 있다. 도시에서 포장된 길에 익숙해 있다가 길이 없는 해변을 걸으면 불편하고 어색하다. 그러나 직접 걸어보면 걷고 싶은 방향으로 마음대로 발길을 옮길 수 있고 등산화 바닥을 통해 살아있는 대지의 기운을 느낄 수 있다. 물 빠진 바닷가는 다양한 물질로 덮인 공간으로 변한다. 모래, 몽돌, 쓰러진 나무, 해초, 콩자갈, 광화문 광장처럼 평평한 바위 바닥 등 다양하다. 이런 다양한 지표면을 딛고 걷는 것은 누카 트레일 하이킹의 축복이자 커다란 매력이다.

모래사장이 끝나자 커다란 몽돌 바위들이 해안을 덮은 구간이 나타났다. 우리는 마치 징검다리를 건듯이 한 바위에서 다른 바위로 건너뛰면서 이동했다. 바위들은 크지도 작지도 않고, 적당한 간격으로 떨어져 있어 바닥을 밟지 않고 몽돌 바위만 딛고서도 이동할 수 있었다. 거친 파도 속에 섞인 모래와 자갈에 의해 연마되어 윤기가 흐르는 몽돌 표면은 햇빛을 받

1 바닷물이 빠져 백사장이 드러난 누카 트레일
3 쓰러진 통나무를 타고 걷다보면 1km를 갈 동안 발을 땅에 딛지 않고도 갈 수 있다.
5 해초(short sea lettuce) 밭을 지나가기도 한다.

2 돌로 덮인 해안. 돌에서 돌로 징검다리 건너듯 걷는다.
4 바닷가 얕은 물에 자라는 해초밭 (surfgrass). 물이 빠져 해초들이 옆으로 누우면 녹색의 카펫을 밟고 갈 수 있다.
6 평평한 사암 바닥이 드러난 구간도 있다.

아 반짝거리고 있었다. 이런 몽돌 해안을 10분 이상 걸었다.

몽돌로 덮인 해안을 지나자 이번에는 쓰러진 나무들로 덮인 해안이 나왔다. 해안가에는 바닷물에 의한 침식작용과 강풍에 쓰러진 나무들이 즐비하다. 쓰러진 나무들로 온통 뒤덮여 있는 해안을 걸을 때는 선택의 여지가 없기도 하지만 이들을 피해 걷기보다 아예 이들을 딛고 걷는 편이 낫다. 쓰러진 나무들의 줄기가 매우 굵어 곡예를 하지 않아도 안전하게 나무를 타고 걸을 수 있다. 이렇게 걷다 보면 1km를 걷는 동안 등산화 바닥이 맨땅을 디딜 일이 없는 때도 있다. 그만큼 쓰러진 나무가 많아 나무에서 나무로 옮겨가며 계속해서 나무를 타고 걸을 수 있다.

쓰러진 통나무들이 줄어들자 해초가 바닥을 완전히 덮는 해변이 나타났다. 물이 빠져 1미터나 되는 해초 잎들이 쓰러져 푹신한 카펫을 만들고 있었다. 해초를 사뿐히 밟으며 해풍에 실려 오는 갯내를 맡으며 걸었다.

모래, 몽돌, 통나무, 해초로 덮인 다양한 갯가를 걷다 보니 어느덧 누카 트레일의 중간 지점인 바호 포인트에 도착했다. 바호 포인트는 누카 섬의 해안선이 일직선으로 뻗어나가다가 갑자기 90도 각도로 굽으면서 해안선이 돌출되어 작은 곶을 이루는 지점이다. 그동안 180도로만 보이던 바다의 조망이 270도로 확대되어 넓게 트인 바다를 볼 수 있는 곳이다. 우리는 간식도 먹고 휴식도 취할 요량으로 나무 그늘에 앉았다. 해안의 경사가 완만해 바닷물이 빠진 해변은 우리가 앉아 있는 곳에서부터 폭이 1km가량 되는 바닥을 드러내 놓고 있었다.

바닥이 노출된 해변에는 두 개의 우뚝 솟은 바위가 독특한 경관을 만들고 있었다. 가까이 있는 큰 바위는 해안선에서 50m 정도 떨어져 서 있고

1 바호 포인트 앞에 솟아 있는 돌기둥. 이스터 섬의 모아이 석상을 닮았다.

2 바호 포인트 인근 숲속 원주민 거주지 터.
숲 바닥에 쓰러진 나무나 관목들이 없고 사초들만 무성하게 자랐다.

3 도요새 무리들. 우리가 지나가면 바다로 나갔다가 우리를 피했다가 다시 제자리로 돌아온다.

작은 바위는 30여 m쯤 바다 쪽으로 더 나간 지점에 솟아 있다. 큰 바위는 가까이서 보면 사람의 머리 모양 같은 모습 때문에 마치 이스터 섬의 거대한 석상 모아이처럼 보이고, 멀리서 보면 치켜세운 엄지손가락처럼 보인다. 작은 바위는 삼각형으로 상어의 등지느러미 같은 모습을 하고 있다. 평평한 퇴적암으로 이루어진 해안 바닥 가운데 우뚝 솟은 이 두 개의 바위는 멀리서도 눈에 잘 뛰어 오래전부터 뱃사람들의 안전한 항해를 위한 랜드마크로 사용되었다. 바호 포인트란 지명부터가 18세기 스페인 탐험선들이 남긴 유산이다. 수심이 낮은 Bajo 지역이니 조심하라는 의미가 담긴 듯하다.

바호 포인트에서 출발하기 전 폴은 우리가 앉았던 자리 뒤편의 숲 속으로 나를 데리고 들어갔다. 해변에 늘어서 서 있으면서 숲의 벽을 이루는 싯카 가문비나무들 사이를 비집고 안쪽으로 들어갔다. 숲 안은 전날 숲 속으로 난 트레일을 걸을 때와는 뭔가 분위기가 달랐다.

우선 인간의 손길이 닿지 않은 오래된 숲에 항상 있게 마련인 죽은 나무들이 보이지 않는다. 또 비정상적으로 넓게 트인 공간이 숲 속에 있었다. 숲 안에 트인 공간이 생기는 경우는 겨울철 거센 비바람에 나무들이 연달아 쓰러질 때이다. 이럴 경우도 숲 바닥에는 쓰러진 나무들의 잔해가 남아 있게 마련이다. 그러나 이곳에는 빈 곳은 있지만, 바닥에 있어야 할 쓰러진 나무들이 보이지 않는다. 또 살랄, 새먼배리, 에버그린 허클베리, 레드 허클베리 같이 이곳의 하층 식생을 이루는 가장 흔한 관목들도 보이지 않는다. 대신 습지에서나 볼 수 있는 사초들이 숲 바닥에 무성하게 자라고 있었다. 비가 많이 내리는 겨울엔 움푹 들어간 숲 바닥에 물이 고일 것 같았다.

대체로 균일한 굵기와 높이의 작은 나무들이 거대한 싯카 가문비나무들 사이에서 자라고 있었다. 나는 이 숲이 이곳에서 흔히 볼 수 있는 숲의 모습과는 무언가 차이가 있음을 대번에 느꼈다. 그러나 나는 왜 이 원시림 숲 속에 이 같은 모습을 지닌 곳이 존재하는지 그 이유를 알 수가 없었다. 폴은 전날 숲 속에서 유리공을 들고 나와 나를 의아하게 만들더니 오늘, 이 자연스럽지 않은 숲 안으로 들어와 또다시 나를 의아하게 만들고 있었다.

폴은 다음과 같은 설명을 통해 나의 의문을 풀어 주었다.

"1980년대 초부터 이곳을 여러 차례 하이킹할 때 조사해 보니까 매우 오래전 겨울 이곳을 지나던 탐험선이 암초에 걸려 조난당하는 사고가 발생했어. 육지까지 상륙한 생존자들은 배 안에서 식량과 도구들을 꺼내 바로 이곳에 피난처를 세우고 겨울을 지낸 거야. 사람을 보내 구조선의 도움을 받을 때까지 4-5개월 동안 바로 이 자리에 임시 대피소를 짓고 살았던 거지. 일부 나무들을 벌채해서 공터를 만들고 벤 나무와 숲 바닥에 쓰러져 있던 나무들을 이용해 건물을 짓고 땔감으로 사용하면서 숲 바닥에 쓰러진 나무들이 없어진 거야."

그의 설명을 듣고 보니 예사롭지 않은 숲 안의 모습이 이해되었다.

2011년 한국에서 온 지인 가족과 함께 하이킹할 때 수상 비행기 조종사로부터는 폴의 설명과는 조금 다른 이야기를 들었다. 조종사에 의하면 그곳은 오래전부터 인디언들이 고래잡이를 하려고 여름 동안 살았던 마을터라는 것이다. 특히 바다에서 잡은 고래를 바호 포인트의 돌출된 바위에 묶어 두면 수심이 낮아 바닷물이 빠졌을 때 해체 작업을 하기 좋았기 때문이라고 했다. 또 이 지점에 이르면 해안선이 돌출되어 바다의 조망이 넓게 펴져 접근하는 카누들을 쉽게 감시할 수 있어 부족 간 전투가 잦았던 인디언들에게 전략적으로도 유리한 위치가 될 수 있었다는 것이다.

두 가지 설 중 어떤 것이 정설인지 또는 두 가지 모두가 사실인지 확인할 길이 없지만, 주변의 원시 숲과는 다른 숲 안의 모습에서 그곳에 사람들이 한동안 살았다는 것만큼은 틀림없는 사실인 것 같다. 집을 세울 때 쓰던 기둥이나 들보 같은 건축 구조물이 전혀 보이지 않는 것으로 보아 매우 오래전에 이용되었던 터였음이 분명하다. 원시림 숲 속에 인간이 구축했던 인공물들은 사람들이 떠나고 압도적인 야생의 힘과 긴 시간 속에 파묻혀 버리고 이제는 매우 어렴풋한 흔적으로만 남아 있었다. 서양의 문명 발생지의 유적들은 신전의 돌기둥처럼 일부 형체가 남아있지만, 이곳 원시림 숲 속에는 그런 흔적이 남아있지 않았다.

바호 포인트를 출발해 다시 해안선을 따라 걷는 우리 앞에는 십여 마리의 작은 도요새들이 파도에 밀려온 먹잇감을 찾느라 해변을 이리저리 빠르게 이동하는 모습이 보인다. 우리가 가까이 다가가자 한 녀석이 "피~위" 하는 소리로 신호를 보낸다. 먹이 찾기에 잰걸음을 하던 나머지 녀석들이 일제히 날개를 펴고 우리를 피해 바다 쪽으로 나갔다. 바다로 나간 녀석들은 물 위에 낮게 떠서 우리 뒤쪽으로 선회한 다음 원래의 자리로 돌아가 내려앉은 다음 먹이 찾는 일을 계속하였다.

숲의 소리

가문비나무 숲

1980년대 초 그리스를 여행한 적이 있다. 당시 사우디아라비아의 건설 현장에 3년째 근무하다가 일 년을 더 근무하기로 약속하고 그 대가로 얻어낸 유럽 여행 중이었다. 외국여행이 자유화되기 이전이라 로마, 파리, 런던처럼 서유럽의 대도시만 보아도 신기하고 뿌듯할 때였다. 굳이 그리스까지 간 이유는 아크로폴리스의 파르테논 신전이나 에게 해의 푸른 바다를 보기 위해서가 아니었다. 그리스 출신의 여가수 나나무스쿠리의 노래를 직접 육성으로 들어보고 싶었기 때문이었다.

사우디 근무 당시 나는 이 가수의 음악에 흠뻑 빠져 있었었다. 일과가 끝나고 숙소에 들어오면 항상 그녀의 음악을 들었다. 아침에도 그녀의 음악이 깨워주도록 알람 장치를 해놓고, 화장실에서도, 차 안에서도 사막으로 피크닉할 때도 그녀의 음악을 들었다. 주말 시내로 쇼핑을 나가면 항상 새로 나온 그녀의 테이프를 사왔다. 그녀의 트레이드마크인 검은 뿔테 안경 때문에 상점에 진열된 수많은 음악 테이프 중에 그녀를 고르기는 매우 쉬운 일이었다. 그럭저럭 1년 사이 그녀의 테이프만 30개가 넘게 모였다. 매일 들어도 그녀의 목소리는 싫증 나지 않았다. 그녀가 부르는 노래는 자신의 노래가 아니라 이미 다른 가수들이 불러 히트 친 노래들이 대부분이었다.

그럼에도, 그녀가 부르면 새롭고 더 아름답게 들렸다.

나나무스쿠리에 빠지게 된 원인은 그녀의 천부적으로 타고난 아름다운 목소리 탓도 있었지만, 여자 목소리에 굶주려 있던 그 당시 근무환경 탓도 있었다. 당시 사우디 건설현장은 마치 우리나라 군대처럼 여자들이 없는 남자들만의 세계였다. 보수적이고 엄격한 회교국가인 사우디에선 술이나 유흥오락이 허용되지 않았다. 여성들의 사회적 활동이 금지되어 쇼핑센터 이외에서는 여성들을 보기가 어려웠다. 남편을 동행하고 나온 여자들은 모두 머리엔 얼굴이나 눈만 내놓은 차도르를 쓰고 검은 히잡으로 전신을 감싸고 다녔다. 한국 근로자들은 사우디로 출국하기 전 의무적으로 소양교육을 받았다. 외국에 나가 국위를 추락시키는 행동을 우려한 정부의 배려였다. 우리는 소양 교육 강사로부터 길거리에서 현지 여성을 보더라도 절대 눈을 마주치지 말도록 교육 받았다.

건설현장의 위치에 따라 사정은 조금씩 달랐지만 아주 오지의 도로건설 현장 같은 곳에 근무하면 극단적인 경우엔 일 년에 여성을 볼 수 있는 기회가 단 3번밖에 없는 때도 있었다. 한국에서 막 도착한 공항에서 한번, 귀국 전 선물을 사기 위해 시내로 쇼핑 나갔을 때 한번, 귀국할 때 공항에서 한번이 전부였다. 이런 상황이었기 때문에 우리는 여성들의 목소리에 오랫동안 굶주려 있었다. 여성들의 목소리를 듣는 것 자체가 매우 특별한 경험이 되던 때였다. 아름다운 음색을 지닌 나나무스쿠리의 노래는 낙이라곤 별로 없는 지루한 중동 근무에서 매일매일 활력을 불어넣어 주는 청량제였다. 그녀의 아름다운 목소리에 반해 아테네까지 왔지만, 그녀는 정녕 그곳에 없었다. 당시 그녀는 파리에서 주로 활동하고 있었다. 인터넷과 같

1 해변가에 도열한 싯카 가문비나무들은 바람이 불면 자연의 음악을 연주한다.
2 파도소리도 자연이 만드는 아름다운 소리다.

은 정보검색이 없었던 때이기도 했지만, 나나무스쿠리에 대한 나의 짝사랑은 무모한 젊은 혈기가 일으킨 해프닝으로 끝나고 말았다.

첫 1년 근무를 마치고 휴가차 귀국 비행기를 탔을 때였다. 나는 리야드 현장에 근무했고 자주 시내로 나올 기회도 있어서 오지의 사막에서 근무하던 근로자에 비해 사정이 나았지만, 여전히 첫 휴가를 맞아 귀국 비행기를 탔을 때의 감회는 잊을 수 없다.

탑승교가 없던 당시 트랩을 밟고 비행기 안으로 들어갔다. 문간에 대기하고 있던 여승무원들이 우리나라 말로 인사말을 건넸다. 여승무원들의 목소리는 1년 동안 한국여성의 목소리를 육성으로 듣지 못한 내 귀에 매우 생경스럽기까지 했다. 기내에서 좌석 안내를 하면서 통로를 분주히 다니는 한복 입은 승무원들은 매우 아름다웠다. 좌석에 앉자 마음은 벌써 고국에 와 있었다. 그때 객실 스피커를 통해 "종이 울리네 ~ 꽃이 피네 ~ 새들의 노래 웃는 그 얼굴 ~" 나나무스쿠리와 비슷한 분위기를 풍기는 패티킴의 〈서울의 찬가〉가 조용히 흘러나오고 있었다. 일 년 동안 모랫바람 맞으며 고생한 생각, 일 년 동안 번 돈에 대한 뿌듯함, 이제 몇 시간 후면 김포공항에 나와 날 기다리고 있을 부모님, 형제, 친구들의 얼굴들이 떠오르며 만감이 교차하고 있을 때였다. 패티킴의 노래가 억눌려 있던 감정의 봇물을 터뜨렸다. 갑자기 가슴이 벅차오르며 눈시울이 붉어졌다. 잊을 수 없는 순간이었다.

30년이 지난 지금 두 가수의 노래는 여전히 좋아하지만, 일부러 들으려 하지는 않는다.

폴과 나는 바호 포인트를 지나 조그만 개울이 흐르는 곳에서 야영하기로 하고 해안선을 따라 늘어서 있는 싯카 가문비나무 아래 텐트를 쳤다. 욕심을 내면 비노 크릭까지도 갈 수 있었지만, 이 아름다운 온대 우림 해안을 좀 더 오랫동안 느껴보고 싶었기 때문이다. 낮에는 우리처럼 하이킹하는 사람들을 태워 나르는 수상 비행기가 저공비행하면서 하루에 한두 번 기계음을 내지만, 저녁이 되면 그마저 사라져 완전한 자연의 소리 속에 빠지게 된다. 걸으면서 몸을 움직이게 되는 낮보다 저녁 식사 후 해변에 조용히 앉아 있을 때나 텐트 안에 누워 있을 땐 청각이 한층 예민해져 숲과 바다의 소리가 훨씬 잘 들렸다. 자연의 소리는 우리가 야영하는 장소와 주위 공간에 대한 느낌을 좀 더 깊이 음미할 수 있게 해주었다. 우리가 묵는 장소를 압도하는 자연의 소리는 바람과 파도 소리였다.

이곳 바닷가에서 매일 반복되는 현상이지만, 오후가 되면 바다로부터 육지 쪽을 향해 강한 바람이 불어온다. 특히 날씨가 맑은 여름에는 그 같은 현상이 두드러지게 나타난다. 해가 떠있는 낮 동안 뜨겁게 달구어진 육지 쪽의 기온이 저기압을 만들고 상대적으로 찬 바다에서는 고기압이 형성되면서 바다에서 육지 쪽으로 흐르는 기류로 말미암아 바람이 분다. 더운 공기와 찬 공기가 섞여 육지와 바다 기온이 비슷해지는 늦은 오후가 되면 바람은 잔잔해지고 해가 지면 사위가 조용해진다.

그러나 그날따라 저녁이 되었는데도 바람이 잦아들지 않고 계속 불었다. 공기가 흐르면서 생기는 바람은 사실 눈에 보이지 않으며, 무엇에 부딪히지 않는 한 들리지도 않는다. 바다에서 불어오는 세찬 바람은 우리 텐트 위에 서 있는 큰 가문비나무의 가지와 가지에 달린 잎에 부딪히면서 요란한 소리를 냈다. 바람이 많이 부는 곳에서 자라는 나무들은 바람이 부는 방향으로 가지들이 휘고 수관은 전체적으로 유선형으로 발달한다. 이런 나무에 바람이 부딪히면 유선형의 수관을 타고 넘으면서 짧고 단조로운 마찰음을 만든다. 그러나 우리 텐트 옆에 늘어선 키 큰 가문비나무들을 뚫고 지나가는 바람 소리는 예사롭지 않았다.

숲을 뚫고 들어간 바람은 숲 속의 나무들과 차례로 부딪히면서 리드믹한 강한 마찰음을 만들었다. 숲 안의 공간을 지나갈 때는 소리가 나지 않다가 나뭇잎, 가지, 줄기와 부딪히면 큰 소리가 났다. 바람이 가지가 많은 바다에 연해있는 나무에 부딪히면 큰소리가 나다가도 수관이 작은 숲 안쪽에서는 작은 소리로 변했다. 바람의 속도가 빠를 땐 마찰음이 빠르게 반복되다가 바람의 힘이 약해지는 숲 안쪽에서는 소리도 작아지고 반복되는 간격도 느려졌다. 마치 스테레오 음향기기의 왼쪽스피커에서 나던 기차 소리가 오른쪽 스피커에서 나면서 기차가 왼쪽에서 오른쪽으로 지나가는 것이 실감 나게 느껴지듯이, 텐트 안에 누워 있어도 바람 줄기가 지나가는 방향을 감지할 수 있었다. 바다로부터 불어오는 바람 줄기들이 밤새도록 해안가 숲 속을 뚫고 지나가면서 소리를 냈다. 세찬 바람에 가지가 꺾이고 줄기가 쓰러지지 않을까 하는 불안감 때문에 우리는 잠을 설쳤다. 그러나 그날 밤 내내 우리는 자연의 소리를 음미하면서 이 해안 숲과 바람이 뿜어내는 기운을 생생하게 온몸으로 느낄 수 있었다.

우리가 텐트를 친 곳에서 파도소리도 잘 들렸다. 파도 소리도 사실은 바람이 만드는 소리다. 바람은 잔잔하던 바닷물에 파문을 일으킨다. 바다에서 바람이 불면 바람의 힘은 바닷물 속으로 전달되고 그 힘을 받은 바닷물은 일렁이는 파도를 만들고 육지를 향해 움직인다. 해안에 도착한 파도는 경사가 완만할 때는 서서히 부서지면서 소멸하지만, 경사가 급한 해안이나 바위절벽에 도착할 땐 큰 소리를 내며 부서졌다. 우리가 텐트를 친 곳에서 멀지 않은 곳의 해안 절벽이 바닷물의 침식작용으로 동굴처럼 움푹 파여 있었다. 파도 소리는 동굴 속에서 바위에 부딪히며 공명하며 육중한 소리를 냈다.

오늘은 세차게 부는 바람 소리에 묻혀 파도소리는 잘 들을 수 없었지만, 지난 며칠 동안 바람이 잔잔해진 밤에는 파도소리를 벗 삼아 잠을 청했다. 그런 밤에는 파도소리가 잘 들렸다. 누카 트레일은 대체로 경사가 완만해 썰물 때는 바닷물이 해안에서 수백 미터가량 멀리 빠졌다. 바닷물이 멀리 빠졌을 때는 파도소리도 거의 들리지 않았다. 들린다면 마치 자장가처럼 부드럽게 귀를 간지럽게 만들 뿐이었다. 그러다가도 한밤중 밀물 때가 되면 물소리가 점점 커지면서 잠이 깨기도 한다. 그러나 가까이 다가온 파도소리가 아무리 크게 들려도 다시 청하는 잠을 방해하지는 않았다. 자연의 소리는 아무리 큰 소리 일지라도 귀에 거슬리지 않는다.

늑대와 사슴

이번 하이킹에서는 첫날밤 늑대의 해코지를 당한 것과 캘빈 폭포에서 갈매기 무리를 본 것 외엔 야생동물과 특별한 마주침은 없었다. 그러나 하이킹 중 트레일 주변에 흑곰의 배설물이 무수히 널려 있었으며, 바닷가 모래사장에는 사슴, 늑대, 밍크의 발자국들이 찍혀 있는 것을 보았다. 흑곰의 배설물들은 그날 아침 또는 전날 배출된 듯 신선했고, 해변에 남아 있는 발자국 역시 우리보다 불과 몇 시간 전에 지나간 듯 선명했다. 이들이 남긴 흔적만으로도 야생동물들이 활발하게 활동하는 세계에 들어와 있다는 것을 실감할 수 있었다. 그러나 이들을 직접 보거나 마주치면 우리의 흥분감은 더욱더 높아진다.

폴과 하이킹 후 3년이 지난 다음 나는 가족과 함께 이곳을 다시 찾은 적이 있다. 늑대에게 해코지를 당한 퍼스트 비치에서 첫날밤을 보낼 때였다. 새벽 2시경 바닷물도 멀리 빠져 파도소리도 거의 들리지 않을 때였다. 멀리서 들려오는 동물 발걸음 소리에 잠이 깼다. 발걸음 소리는 점점 커지며 우리 텐트를 향해 다가오고 있었다. 발걸음 소리를 미루어 볼 때 큰 동물임에 틀림이 없었다. 여러 마리는 아니고 한 마리로부터 나는 소리여서 조금은 다행스러웠다.

곰 아니면 늑대였다. 3년 전 폴과 같은 장소에서 캠핑할 때의 경험 때문에 나는 늑대일 것으로 짐작되었다. 몇 년 전 누카 섬보다 훨씬 아래쪽에 있는 클레오쿠앗 만 안의 바가스 섬에서 캠핑하던 사람이 늑대들에 물려 죽은 사고가 생각났다. 나는 바짝 긴장되었고, 공포감에 사로잡혔다. 피곤함에 지친 아내는 곁에서 곤히 자고 있었다. 다른 텐트에서 자는 아이들도 걱정되었다. 돌아누워 머리맡에 둔 가스총을 살며시 거머쥐었다. 또 여차하면 텐트 문밖에 꽂아둔 등산 지팡이를 호신용으로 사용할 태세도 갖추었다. 발걸음 소리의 주인공은 텐트에서 불과 몇 미터 안 떨어진 곳까지 접근했다. 발걸음 소리가 점점 더 가까이 오고 있었다.

나의 긴장감과 공포감은 극에 달했다. 동물은 텐트 밖에 비에 젖지 않도록 씌운 플라이를 건드리면서 지나갔다. 텐트 안에서 숨을 죽이고 엎드려 있는 나와 불과 1m도 안 되는 거리를 두고 덩치가 큰 야생 동물이 지나간 것이다. 머리털이 솟구쳤다. 온몸 구석구석으로부터 아드레날린이 분출되었다가 썰물처럼 지나갔다.

그날 밤 녀석은 다시 나타나지는 않았다. 공포와 긴장의 순간이 지나가고 안도감이 몰려왔지만 나는 한동안 잠을 다시 이룰 수 없었다. 그날 밤 나는 야생 자연 속에 와 있다는 것을 실감하였다. 그 같은 기분은 그 전날 루이 베이 물 위에 착륙한 수상 비행기에서 내린 다음 첫 야영지까지 오려고 쓰러진 나무 밑을 기고, 발목까지 빠지는 진창을 피해가며 야생의 세계에 들어온 신고식을 치르며 원시림 숲 속을 걸을 때까지도 느끼지 못했던 것이었다.

다음날 아침 우리 가족이 아침을 준비하고 있을 때 불과 20m도 안 떨

1 늑대 같은 야생동물과의 조우는 우리의 야생 체험의 질을 크게 높여준다.
2 숲속으로 되돌아가는 사슴 가족

어진 곳에 늑대가 나타났다. 어제 텐트를 건드리고 지나간 녀석일 것 같았다. 그 이전에도 두 차례나 야생 늑대를 본 적이 있지만, 먼발치에서 어렴풋이 보았을 뿐이었는데 이렇게 가까이 보기는 처음이었다. 가까운 거리를 두고 눈으로 직접 본 늑대는 애완동물인 개에 익숙해져 있는 내 눈에 그렇게 위협적으로 비치진 않았다. 몸집도 생각보다 크지 않아 공포감이 일지는 않았다. 어젯밤과는 달리 이제는 늑대가 우리를 피해가는 것 같았다.

늑대가 출현한 것은 이곳에 늑대의 먹이가 되는 사슴이 많다는 의미이며, 늑대를 먹이로 하는 쿠거와 같은 더 상위의 포식성 맹수도 존재하는 먹이 사슬 관계가 유지되고 있다는 증거였다.

야생자연 속에서 야생동물과 마주치는 경험은 그 자체만으로도 훌륭한 미적 체험일 뿐만 아니라 자연 속에서 우리 경험의 질을 크게 높여준다. 2006년 여름 누카 트레일보다 훨씬 북쪽에 있으며 인적도 훨씬 드문 브룩스 반도를 8일 동안 하이킹한 적이 있다. 그때도 폴과 둘이서 하던 중이었다. 그날 우리는 4일 동안 걸어 반도의 둘레를 반 이상 돈 다음 반도의 서쪽 끝 해안에 솔랜더 섬이 보이는 곳까지 갔다가 돌아오는 중이었다. 앞서 가던 폴이 갑자기 멈추어 섰다. 숲에서 바다로 흐르는 작은 개울을 따라 사슴 3마리가 막 숲 속에서 걸어 나오고 있었다. 폴과 내가 서 있는 곳에서 불과 20m 정도밖에 떨어지지 않은 곳이었다. 그해 봄에 태어난 것 같은 두 마리의 새끼들이 어미 뒤를 따르고 있었다. 우리를 발견한 사슴들은 가던 길을 멈추고 그 자리에 멈추어 섰다.

폴과 나도 그 자리에 서서 이들을 지켜보았다. 1초, 2초, 3초, 4초, 5초 불과 몇 초 되지 않는 순간이었지만 우리는 사슴들과 눈을 마주치고 서로 바라보고 있었다. 비록 잠깐이었지만 우리는 야생자연을 집으로 삼는 3마리의 커다란 생명체가 우리 눈앞에 서 있는 모습을 본 것이었다. 키 큰 원시림을 배경으로 개울 근처에 쓰러져 큰 통나무들을 배경으로 3마리의 생명체들은 꾸밈 없는 자발적인 아름다움을 발하고 있었다.

천적이 사라진 상태에서 밴쿠버 섬의 작은 도시 주변 숲에는 도시 환경에 적응한 사슴들이 많다. 이들은 자주 주택가로 출현한다. 밴쿠버 섬 동쪽 나누스라는 작은 도시에서는 너무 많은 사슴이 주택가에 나타나 정원의 화초들을 뜯어 먹는 바람에 사냥해서라도 개체 수를 줄여야 한다는 여론이 들끓은 적이 있었다. 이런 곳에서 길을 가다 사슴가족들과 마주치거나 개인 집 마당에 나타나 한가롭게 풀을 뜯는 사슴을 보는 일은 매우 흔한 일이며 특별한 감흥을 주지 않는다. 개인의 정원이나 주택가의 도로라는 인공적인 환경이 사슴의 야생성을 빼앗아버렸기 때문이다. 폴과 내 앞에 나타난 야생 사슴가족은 주택가에서 마주친 사슴에서는 볼 수 없는 아름다움이 있었다.

사슴들의 삶의 공간을 잠시 방문한 폴과 나의 존재 또한 세 마리의 다른 생명체들의 눈에 의해 확인되고 감지되고 있다는 사실을 깨닫는 순간 나는 늑대가 텐트 옆을 지나갔을 때와 같이 온몸에 소름이 돋는 전율이 한바탕 휩쓸고 지나갔다. 이번에는 공포의 전율이 아니라 기쁨의 전율이었다.

그 같은 순간이 좀 더 오래가기를 간절히 바랬지만, 야생자연 속의 동물들은 우리의 기대를 저버리고 사진 몇 장 찍는 시간만 허락한 다음 숲 속으로 사라졌다. 자신의 모습을 인간에게 오랫동안 보여주지 않는 점은 야생동물의 세계에서는 공통적인 현상이다. 야생동물들의 움직임을 클로즈업해서 찍은 장면을 한두 시간씩 보여주는 것은 다큐멘터리 영화 속에서는 가능할지 모르나, 야생자연 속에서는 일어나지 않는다. 야생자연 속의 동물들은 우리 앞에 우연히 나타났다가 재빨리 사라져 버리기 때문에 어렴풋한 모습으로만 기억된다. 그럼에도, 야생자연 속에서 야생동물과의 마주침은 생생한 장면들로 가득한 다큐멘터리 영화 속의 야생동물보다 훨씬 더 풍요로운 미적 체험을 가져다준다.

다큐멘터리 영화를 통한 우리의 미적 체험은 대체로 시각적 체험으로 제한된다. 또 그 안에서 담긴 영상이 3D 영화처럼 아무리 실감 나게 제작된 것일지라도 화면과 모니터의 존재가 야생성을 빼앗아 버리기 때문에 우리의 미적 체험은 그만큼 제한적일 수밖에 없다. 내가 사슴가족과 우연히 만났을 때 느꼈던 것처럼, 사슴이라는 생명체가 생명활동을 하는 바로 그 3차원적 공간 속에 내가 지금 함께 존재하고 있다는 느낌은 다큐멘터리 영화를 보면서는 결코 할 수 없는 경험이다.

또 늑대나 곰과 마주쳤을 때 흥분감과 함께 엄습하는 불안감과 공포감 역시 다큐멘터리 영화가 지니지 못하는 야생적 공간에서만 가능한 미적 체험의 일부이다.

왜가리와 벌새

하이킹 중 우연히 마주친 새들은 기대하지 않았던 즐거움을 가져다준다. 누카 섬 하이킹 중 바닷가를 따라 걸을 때 가장 흔히 마주치는 새들은 흰머리 독수리, 갈매기, 가마우지, 도요새들이다. 이들과 함께 심심치 않게 눈에 띄는 새 중에는 물 빠진 바닷가에서 먹이를 잡아먹는데 열중해 있는 왜가리가 있다.

왜가리는 바닷가, 호수, 강, 연못 등 다양한 곳에서 쉽게 볼 수 있는 새다. 마치 정물처럼 꼼짝하지 않고 서 있는 모습이 특징이다. 우리나라 논이나 하천 주변에서 볼 수 있는 흰 왜가리와는 달리 서부 캐나다에서 볼 수 있는 왜가리는 잿빛에 가까운 옅은 푸른색을 띠고 몸집이 커서 큰 청 왜가리로 불린다. 긴 다리를 이용해 물이 빠진 바닷가의 얕은 물에 들어가 작은 물고기들이 가까이 오기를 기다렸다 잡아먹는다. 움직이는 물고기를 잡아야 하는 왜가리는 갈매기가 조개를 찾을 때와는 전혀 다른 차원의 민첩함을 지닌다.

하이킹 중 마주친 녀석들의 사냥 모습은 우리를 멈추게 하고 녀석과 마찬가지로 긴장된 상태에서 녀석들의 움직임을 관찰하게 한다. 녀석들은 긴 목을 내빼고 물속의 작은 물고기가 접근하는지를 살핀다. 물고기에게 들키지 않으려고 물속에 잠긴 발을 살그머니 물 밖으로 빼서 전진하며 물고기 가까이 접근한다. 긴 발을 물속에서 꺼내 옮길 때는 물탕이나 파문이 일지 않도록 매우 조심스럽게 움직인다. 또 자신의 그림자가 물고기 위에 드리우지 않게 하려고 목을 옆으로 길게 뺀은 상태에서 접근한다.

사냥감이 사정권 내에 들어오면 길게 뺐던 목을 한번 접은 다음 조금씩 천천히 구부리면서 긴 부리를 수면 바로 위까지 접근시킨다. 이때 초긴장 상태가 되어 있는 왜가리의 모습은 멀리서도 느낄 수 있다. 마치 아프리카 영양을 뒤쫓는 사자가 낮은 자세를 취하고 네발을 구부려 땅에 바싹 붙인 다음 결정적 순간을 포착하면 영양을 향해 총알처럼 뛰쳐나갈 태세를 할 때와 같이 극도의 긴장된 모습이다. 왜가리의 이런 모습을 보고 있노라면 우리의 몸도 똑같이 굳어져 버린다.

결정적인 순간을 잡으면 마치 작살로 내리찍듯이 순식간에 긴 부리를 물속으로 꽂아 물고기를 낚아챈다. 이곳의 왜가리들은 얕은 물에 사는 둑중갯과의 작은 물고기를 주로 잡아먹는다. 녀석들의 적중률은 거의 100%에 가깝다. 물 밖으로 뺀 부리에는 백발백중 작은 물고기가 물려 있다. 부리에서 빠져나오려고 발버둥치는 물고기를 제압하기 위해 물고기를 입에 문 채로 부리를 좌우로 흔들어 댄다. 몸집이 큰 먹잇감을 잡았을 때는 부리로 물고 흔들어 댈 때 물고기가 부리 밖으로 미끄러져 나갈 수 있기 때문에 일단 입에 문 상태에서 물 밖으로 나온다. 물 밖에서 고기를 문 채 땅바닥에 후려쳐 제압시킨 다음 가로로 물고 있던 물고기를 세로로 위치시키고 삼킨다. 뼈가 많이 박힌 둑중개의 지느러미가 목구멍에서 걸리지 않도록 머리가 안쪽을 향하게 해서 삼킨다.

해변에서 발견한 왜가리를 좀 더 가까이서 보려고 접근하면 갑자기 까

1 얕은 물속에서 둑중개를 잡아 입에 물고 물 밖으로 나오는 왜가리

3 둥지에 새끼를 품고 있는 아나스 벌새

2 왜가리의 우아한 착륙 모습

4 어미와 새끼 아나스 벌새

악~ 까악~ 큰 소리를 내며 하늘로 솟아 날아간다. 이때 왜가리가 내지르는 소리는 마치 먹이를 쫓는데 열중해 있던 자신의 행동이 방해받은 것에 대한 항의의 소리처럼 들린다. 그러면 왜가리의 갑작스러운 소동에 나도 덩달아 깜짝 놀라고, 그제야 슬그머니 그만의 영역을 침범한 나의 무례함에 미안한 마음이 든다.

하늘을 나는 왜가리의 모습은 매우 아름답다. 긴 목을 접어 몸에 바싹 붙인 다음 긴 두 다리는 한데 모아 꼬리 뒤쪽으로 쭉 뻗은 채 날개를 펼치고 나는 모습은 매우 우아하다. 길이가 2m가량 되는 긴 날개로 느릿느릿 날갯짓을 하며 날 때는 마치 고생대 하늘을 날던 익룡을 연상시킨다.

왜가리의 나는 모습은 나에게 많은 상상력을 촉발시킨다. 내 머리 위로 날아가는 왜가리의 모습도 아름답지만, 왜가리를 날 수 있게 만든 힘의 원천들을 떠올리면 왜가리뿐만 아니라 이런 왜가리의 멋진 비행을 보여주기 위해 수많은 조연이 있었다는 것을 깨닫게 한다.

왜가리의 멋진 비행을 가능하게 만든 에너지는 바닷가에 사는 작은 물고기로부터 나온 것이며, 작은 물고기들은 작은 새우나 게를 잡아먹으며 물속을 헤엄치고 다니는 힘을 얻었으며, 작은 새우나 게는 물속을 떠다니는 플랑크톤에 의해 힘을 얻은 것이란 사실을 떠올리게 한다. 그러나 사실은 바닷가의 플랑크톤, 수생식물, 수생곤충, 물고기를 거쳐 전달된 태양 에너지가 왜가리로 하여금 큰 날갯짓과 함께 아름답게 나는 모습을 연출하게 만든 진정한 주인공이다. 왜가리 하나에 집중되어 있던 아름다움은 왜가리의 나는 모습을 통해 왜가리가 관련을 맺고 있는 주변 환경으로까지 확대되면서 더 큰 아름다움으로 변해갔다.

왜가리와 함께 하이킹 중 마주칠 가능성이 있는 또 다른 특별한 새는 벌새다. 벌새는 우리 귓가를 윙윙거리며 지나갈 때 비로소 그의 존재를 깨닫게 되는 눈에 잘 띄지 않는 작은 새다. 벌새는 매우 놀라운 능력을 지닌 새다. 몸길이가 손가락 크기보다 작아 그야말로 큰 벌보다 조금 크다고 할 수 있다. 다른 큰 새들과는 달리 공중에서 마치 헬리콥터처럼 상하좌우 모든 방향으로 종횡무진 날아갈 수 있으며, 공중에서 멈추어 설 수도 있다.

이런 비행능력 때문에 마치 비행기가 공중급유를 받듯이 공중에서 뜬 상태에서 식물을 넥타를 빨 수 있다. 벌새의 이런 탁월한 비행능력은 매우 빠른 속도로 움직이는 날갯짓에서 나온다. 일 초에 자그마치 90번이나 날갯짓을 한다. 짝짓기하기 위해 수컷이 암컷을 유인할 때는 날갯짓을 더 빨리해 초당 200번을 한다고 한다. 이 때문에 마치 하늘을 나는 헬리콥터 날개나 비행기 프로펠러가 보이지 않듯이 벌새가 날 때 날개는 사람 눈에 보이지 않는다.

비씨 주에서 볼 수 있는 벌새는 아나스와 루퍼스 두 가지다. 아나스는 거의 이동하지 않아 일 년 내내 볼 수 있다. 과거 캘리포니아에 주로 분포하고 있었는데, 지난 40여 년 동안 미국의 오리건 주와 워싱턴 주, 캐나다의 비씨 주까지 확산하였다. 이 세 주는 기후가 대체로 온화하여 겨울에도 꽃을 피우는 식물들을 개인 정원에 심는 가정이 늘어나고, 이 벌새를 위한 설탕물 통을 걸어 놓는 가정이 늘면서 아나스 벌새의 분포영역이 비씨 주까지 확대된 것이다.

아나스와는 대조적으로 온몸이 옅은 붉은색을 띤 루퍼스 벌새는 철새다. 루퍼스 벌새는 멕시코에서 비씨 주까지 4천 km의 먼 거리를 왔다가 돌아간다. 이른 봄 기온이 따뜻해 내륙지역보다 꽃이 일찍 피는 캘리포니아,

오리건, 워싱턴 주의 해안지역을 따라 북상한다. 빨리 오는 녀석들은 3월 중에 벌써 비씨 주에 도착한다. 여름을 비씨 주에서 보내고 늦은 여름 남하하기 시작한다. 내려갈 때는 아직 꽃들이 많이 남아 있는 산간지역을 통해 내려간다.

벌새는 이른 봄 높은 가지에 둥지를 만들고 새끼를 친다. 둥지는 나무에 걸려 있는 지의류와 거미줄을 서로 엮어 만든다. 주위의 나뭇가지 색과 똑같이 위장하기 위해 둥지를 만든 나무에 붙어 있는 지의류를 뜯어 둥지 바깥에 붙인다.

벌새는 붉은 색깔의 꽃들을 좋아하는데 특히 이른 봄 제일 먼저 꽃이 피는 새먼베리 꽃이나 짙은 붉은색 꽃이 피는 까치밥나무의 꽃을 선호한다. 이곳 인디언들은 새먼베리 꽃은 벌새들이 곧 찾아올 것을 알리는 신호라고 믿었다. 벌새는 인디언들에게 기쁨과 치유를 함께 가져다주는 새로 알려졌다. 벌새들은 인디언들에게 그랬듯이 오늘날도 여전히 우리에게 기쁨과 즐거움을 선사한다.

벌새는 한 군데 오래 머물지 않아 오랫동안 관찰할 수 없지만 숲 속에서 귓전을 윙윙거리며 귓전을 스쳐 지나가는 소리를 듣고 근처에 왔다는 것을 깨닫는 순간 벌새는 이미 먼발치로 사라져 버린 후인 경우가 대부분이다. 이른 봄 벌새를 만나면 인디언들의 전설처럼 기분이 갑자기 좋아진다. 벌새는 긴 겨울이 끝나고 이제 확실히 봄이 왔다는 것을 확인시켜 주고, 앞으로 따뜻한 봄 날씨를 기대하게 해주기 때문이다.

왜가리의 아름다운 비상과 귓전을 울리는 벌새의 윙윙거림은 우리들의 하이킹을 더욱더 즐겁게 만들어 주고 있었다.

마퀴나의 옛 영토

비노 크릭

원시의 숲과 바다를 느끼면서 해안가를 걷는 즐거움은 누카 트레일 하이킹이 가진 압도적인 매력이다. 그러나 여기에 부수적인 즐거움을 제공하는 것들이 있다. 해안가에 피어 있는 야생화들이다. 고산초원만큼 화려하지도 다양하지도 않지만 간간이 나타나는 이들을 보는 재미 또한 쏠쏠하다. 오늘도 숲 가장자리의 모래사장 끝에 마치 우리나라 벼처럼 일 미터 크기로 자란 듄 그라스들이 무성히 자란 사이에 핀 분홍바늘꽃과 흰색의 톱풀을 보며 걸었다. 해변 바위에 걸터앉아 쉴 때는 갈라진 바위틈에 열은 보라색 꽃을 피우고 고개를 숙인 야생 부추, 짙은 핑크빛의 엉겅퀴, 보라색 초롱꽃, 짙은 주황색의 페인트브러시, 몽키 플라워들이 함께 했다.

식물원에 피어 있는 꽃들은 현란한 색깔과 다양한 모습을 뽐내며 마치 수족관에서 묘기를 부리는 돌고래처럼 수많은 관람객에게 자신을 보여주기 위해 꽃을 피우는 것처럼 보인다. 오늘 해안가를 걸으며 마주친 꽃들은 우리를 위해 피어 있지 않았다. 자신의 아름다움을 뽐내는 모습도 없었다. 자기 자신만의 목적을 위해 스스로 꽃을 피우는 이들에겐 특별한 아름다움이 담겨 있다.

늦은 오후 무렵 폴과 나는 종일 하이킹으로 약간 지치기 시작했다. 걷는 속도도 느려졌다. 그동안 걷던 해변은 그나마 평평하고 딱딱해 걷기가 편했는데 발이 푹푹 빠지면서 발걸음을 떼기가 점점 어려워졌다. 어느새 걷는 해변이 팥알 같은 작은 자갈로 덮인 곳으로 변해 등산화가 자갈 속으로 빠지고 있었다. 우리는 비노 크릭에 도착했다.

비노 크릭은 개울보다 큰 작은 강이었다. 바다로 유입되는 비노 크릭[1] 옆에는 움푹 들어간 작은 만이 있었다. 만의 안쪽은 온통 다시마 밭으로 덮여 있었고 만의 북쪽에는 물이 빠지면 해변에서 걸어서 갈 수 있는 작은 바위섬이 있었다. 해변을 덮고 있는 팥알 크기의 돌들은 팥처럼 짙은 붉은색에서 진한 초록색까지 다양했다. 걷는 것을 불편하게 만들고 있지만 작은 돌들은 모두 저마다 독특한 모양과 색깔을 지니고 있었다. 오랜 세월 동안 파도에 연마된 돌들의 표면은 매끄럽고 광택이 났다.

인디언들이 자신의 주거지를 선택할 때는 세 가지 기준을 보고 결정한다. 식량자원과 식수를 쉽게 조달할 수 있는 곳, 적으로부터 쉽게 노출되지 않는 곳, 외부로부터 침입하는 적을 쉽게 경계할 수 있는 곳. 이런 기준에 따라 결정된 거주지는 강, 호수, 바다를 낀 곳이 대부분이고, 대체로 전망이 좋은 곳이었다. 이런 점에서 비노 크릭은 인디언 거주지가 될 수 있는 훌륭한 조건을 갖추고 있었다.

실제로 비노 크릭은 마퀴나와 그의 부족들과 인연이 깊은 곳이다. 1789년 영국과 이곳에서 패권 다툼을 하던 스페인이 함대를 보내 프렌들

---

1) 비노 크릭은 이후 파도에 밀린 자갈이 하구를 완전히 막아 2011년 여름 하이킹 때는 호수로 변해 있었다.

1 해안의 모래사장 끝에 핀 분홍 바늘꽃
3 야생 부추 꽃. 줄기에서 마늘냄새가 진동한다.

2 해안가 바위 갈라진 틈에 핀 톱풀
4 캐나다 엉겅퀴

5 바위 위에 핀 캐나다 초롱꽃
7 옐로 몽키 플라워

6 페인트 브러시 꽃
8 옐로 벅윗

1 콩자갈로 덮인 비노 크릭의 해안가
2 비노 크릭. 파도에 밀려온 콩자갈이 강 하구를 막아 호수로 변했다.

리 코브에 요새를 짓고 수십 명의 군인이 거주하기 시작했다. 프렌들리 코브의 이름도 자신의 편의대로 산 로렌조라고 고쳐 불렀다. 마퀴나 및 그의 부족들은 쫓겨나다시피 프렌들리 코브를 떠나 비노 크릭을 임시 거처로 삼고 살았다. 스페인 군대가 철수해 프렌들리 코브로 돌아갈 수 있기까지는 그로부터 6년이 걸렸다.

비노 크릭에는 마퀴나의 부족들에게 식수원이 될 수 있는 작은 강이 있었고, 다른 곳의 인디언 전통 영토와 마찬가지로 이곳도 바다를 넓게 내려다볼 수 있는 조망을 갖고 있었다. 그러나 식수원인 비노 크릭 주변 지역은 프렌들리 코브처럼 넓지는 않아 당시 2천 명 가량 되었던 부족 모두가 함께 이곳에서 여름을 보낼 수는 없었을 것 같다. 오늘 점심 무렵 폴과 함께 들어가 보았던 바호 포인트의 옛 집터가 난파 선원들의 피난처가 아니고 인디언들의 집터였다면, 협소한 비노 크릭을 피해 부족의 일부가 멀지 않은 그곳에 터를 잡고 살았을 소지가 다분하다.

비노 크릭 옆에는 원시 야생 자연을 기대하고 온 우리에게 실망스럽게도 작은 집 3채가 자리 잡고 있었다. 외지인들의 여름 별장이었다. 사실 누카 섬은 인디언 전통 영토를 제외하고 전체가 국유림 지역으로 개인이 땅을 소유할 수 없는 곳이다. 마침 석양을 보러 해변으로 나왔다가 우리와 마주친 별장 주인 내외와 이런저런 이야기 끝에 이곳에 별장이 있게 된 배경을 들을 수 있었다. 100여 년 전 프렌들리 코브 앞에 있는 누카 등대의 등대지기들이 정년퇴직할 때 캐나다 정부로부터 받은 것이라고 한다. 당시 재정상태가 안 좋았던 캐나다 정부는 이들에게 국유지 일부를 연금 대신 지급했다고 한다. 많은 국유지 중 하필이면 이곳을 선택했을까 궁금해졌지만,

비노 크릭 앞 만. 오른쪽 해안가에 푸른색 지붕의 건물이 보인다.

그 같은 등대지기의 선택을 충분히 이해할 만했다.

GPS등 안전한 항해를 위한 기술과 장비들이 발전하고, 자동화 추세에 따라 오늘날 등대의 역할은 많이 축소되었다. 미국은 모든 등대를 자동화시켜 등대에 근무하는 사람이 없지만, 캐나다에선 수년 전 미국과 같은 변화를 시도하려 했지만, 등대가 지니는 역사 문화적 가치를 높이 평가해 아직 등대에 사람들이 남아 있다. 상주하는 등대지기가 있는 캐나다 서해안의 등대들은 대부분이 고립된 원시 야생 자연 속에 있다. 이 때문에 등대지기들은 휴가를 얻어 도시에 나가면 몸이 아프고 병이 난다고 한다. 오염되지 않은 공기를 마시고 소음 없는 원시 자연 속에 살다가 도시에 나가면 당연히 몸에 탈이 날 수밖에 없으리라. 성격이 은둔형이었기 때문에 등대지기가 되었거나, 등대지기를 하다 보니 은둔형으로 성격이 바뀌었는지는 모르겠지만, 비노 크릭의 땅을 신청한 등대지기는 은퇴 후에도 사람을 피해 고립된 곳에서 여생을 보내려고 이곳을 선택할 수밖에 없었으리라.

끓인 물을 부어 만든 캠핑용 파스타로 간단히 저녁을 때우고 나서 폴과 나는 매일 저녁 해왔듯이 모닥불을 피워놓고 해변에 쓰러져 있는 굵은 통나무를 등받이 삼아 앉은 다음 가까운 바다를 물끄러미 바라보고 있었다. 쇠고래 한 마리가 만 안으로 들어와 꼬리를 보이며 물속으로 사라졌다. 한참 후 물 위로 나타난 고래는 참았던 숨을 터뜨렸다. 등의 숨구멍으로부터 물줄기가 분수처럼 뿜어져 나왔다. 고래가 내쉬는 커다란 숨소리가 저녁 바닷가의 정적을 깨뜨렸다. 바다 멀리 수평선 위로 해가 뉘엿뉘엿 넘어가고 있었다.

03 오래된 숲의 아름다움

하늘에서 내려다 본 해안 온대우림의 모습. 브룩스 반도 북쪽

1 해안 온대우림. 브룩스 반도 남쪽
2 헴록과 시다로 이루어진 해안 온대우림. 클레오쿠앗 사운드

3억 년 전의 영광

해안 온대 우림

다음날 아침 비노 크릭을 출발한 우리는 숲 속 길로 들어섰다. 비노 크릭부터 프렌들리 코브까지는 해안선이 깎아지른 절벽과 피오르드들로 이루어져 해안 숲과 절벽이 어울려 절경을 이루는 구간이다. 이 구간에는 썰물 때도 물에 잠겨 있어 지나갈 수 없는 곳이 많아 트레일 대부분 구간이 숲 속으로 나있다. 뜨거운 태양빛에 노출된 피부가 벌겋게 익어 따가울 수는 있지만, 해변을 따라 하이킹하면 시원한 바닷바람을 맞으며 오르막이나 내리막이 없는 평지를 걷는 호사를 누릴 수 있다. 넓게 트인 공간을 파노라마처럼 바라보며 걷는 것도 바닷가 트레일의 장점이다.

반면 짙은 녹음 속으로 난 숲 속 트레일은 뜨거운 햇볕을 피할 수 있고 장대한 나무들로 이루어진 원시림 속에서 자연과 좀 더 밀착된 느낌을 만끽할 수 있다. 숲 속 트레일의 단점은 많은 나무가 쓰러져 길을 가로막고 있다는 점이다. 쓰러진 나무를 피해 돌아가거나, 나무를 타고 넘어가거나, 아니면 나무 밑을 기어서 지나가는 수고를 해야 한다. 그러나 이런 수고스러움이 오히려 해안 숲을 깊이 느끼고 음미할 수 있게 해준다. 또 이 숲에선 그 같은 수고를 아끼지 말아야 할 충분한 가치가 있다. 이 숲은 웅장함과 경이로움에서 열대우림을 무색하게 만들 정도로 특별하기 때문이다.

© Mark Hobson

싯카 가문비나무의 해안 온대우림 내부. 클레오쿠앗 만내 미어스 섬이 숲은 해안 온대우림이다. 명칭대로 온대지방이면서 비가 많이 내리는 해안지역에 발달한 숲이다. 온대지역 중 해안에 연해 있는 곳은 많지만 우림이 발달할 정도로 비가 많이 내리는 곳은 흔치 않다. 북미 해안 온대우림은 캘리포니아 북부에서 시작해 알래스카 남부까지 남북으로 길게 뻗은 3,200km에 이르는 지역에 분포한다. 이 지역에는 해안선을 따라 높은 산맥이 마치 방풍벽처럼 솟아 있어 내륙 쪽으로 이동하는 비구름을 차단해 다른 곳보다 비가 많이 내린다. 그래서 이 숲은 바다에서 해안산맥의 정상에 이르는 공간에 자리 잡고 있다. 인간이 만든 국경을 비웃듯 캐나다와 미국 간 국경을 무시한 채 두 나라에 걸쳐 분포하고 있다.

많은 강수량의 혜택을 받고 자란 이 숲은 세계에서 가장 큰 나무들을 탄생시켰다. 남쪽에는 캘리포니아 북부 맨도시노 해안의 안개를 뚫고 90m까지 솟구치는 레드우드와 거대한 세쿼이아가 자라고, 북쪽으로는 웅장한 자태로 캐나다 비씨 주 해안가를 지키는 싯카 가문비나무와, 웨스턴 헴록, 레드시다, 더글러스 퍼들이 있다.

이 숲은 마치 생태계의 유물처럼 매우 먼 과거의 모습을 그대로 간직하고 있다. 특히 비가 옅은 안개로 변해 긴 잎과 줄기를 단 칼 고사리와 나무줄기와 가지에 붙은 두터운 이끼 위에 살포시 내려앉는 깊은 겨울에 이 숲 속을 걷다 보면 시간을 거슬러 침엽수 숲이 지구 전역을 덮고 있던 수억 년 전으로 되돌아가 마치 공룡이 나올 것 같은 느낌을 받는다.

공룡들이 할거하기 훨씬 전인 3억 년 전 침엽수들이 등장해 지구 전역에 걸쳐 숲을 이루고 있었다. 이후 약 1.5억 년 전에 꽃을 피우며 환경적응력이나 에너지 효율 면에서 침엽수보다 훨씬 더 경쟁력을 지닌 개화식물들이 등장하면서 침엽수가 차지하고 있던 자리 대부분을 내주게 된다. 씨방이 밑씨를 완전히 덮은 속씨식물인 개화식물들은 주변 환경에 따라 다양하게 진화해 활엽수 외에도 넝쿨식물, 착생식물, 기생식물, 수생식물, 한해살이, 여러해살이 등 다양한 형태의 식물로 진화했다. 반면 밑씨를 덮은 씨방 일부가 노출된 겉씨식물들은 침엽수 한 종류로밖에 진화하지 못했다.

생육환경이 유리한 적도지방에서 쫓겨난 침엽수들은 기후가 춥고 토양이 척박하며 배수가 불량한 한대지방에 자리 잡았다. 활엽수들이 30만 종이 넘는 다양한 종들로 진화하는 동안 침엽수는 고작 630여 종으로밖에 진화하지 못했다. 그러나 지금까지 살아남은 침엽수들은 뭔가 독특한 생존법을 지니거나 적응력이 뛰어난 식물들이다. 세계에서 가장 키가 크고, 줄기의 굵기가 굵으며, 나이가 많은 나무들이 모두 침엽수인 것이 그 같은 사실을 입증한다.

현재 남은 침엽수들은 고생대로부터 내려오는 유물과도 같다. 인간이 남긴 유물은 더는 쓰이지 못하지만, 침엽수들은 고생대로부터 지금까지 살아남아 생명활동을 계속하고 있다. 침엽수로 이루어진 해안 온대우림의 숲은 공룡시대 이전의 오래된 지구의 모습과 가장 많이 닮았다. 지금은 지표면의 0.02%밖에 차지하지 못하고 있지만, 해안 온대우림은 침엽수 숲이 3억 년 전 누렸던 영화를 매우 잘 보여 주는 곳이다.

오랜 시간이 담긴 해안 우림의 참모습은 숲 밖에선 제대로 느낄 수 없다. 숲에 들어가 직접 몸으로 느껴야 한다. 숲 밖은 여전히 햇살이 쨍쨍 내리쬐고 있었지만, 숲 안은 시다와 헴록 거목들이 만드는 짙은 그림자 때문에 서늘하다. 숲 속 트레일은 사람들이 오랫동안 다니지 않은 듯 바닥에 나뭇잎과 잔가지들이 수북이 쌓여 있었다. 트레일 주변에 웃자란 새먼베리와 살랄들이 길을 가로막고 있다. 우리는 손으로 이들을 헤치며 걸어나갔다.

숲 안쪽으로 들어가자 우리는 웅장한 숲의 분위기에 압도되었다. 우리의 모든 감각기관이 평소보다 훨씬 강하게 자극받고 있다는 것이 느껴졌다. 살아있는 나무들만 있는 숲에서는 향기가 날지 모르나 이 숲에는 살아있는 나무만큼이나 많은 나무와 초본류 식물들이 죽어 있거나 죽어가고 있다. 식물들이 분해되며 풍기는 냄새가 살아있는 나무들이 뿜어내는 향기와 한데 섞여 독특한 냄새를 만들고 있었다. 특별히 달콤하거나 향기롭지는 않았다. 그러나 냄새는 축축한 숲 안의 공기 속에 녹아 우리의 코를 강하게 자극했다. 삶과 죽음이 섞여 만들어진 진정한 생명의 냄새이리라.

생물학적 엔지니어링의 기적

헴록

누카 섬 해안선 전면은 싯카 가문비나무들이 장식하고 있다. 그래서 이 숲을 대표하는 것처럼 보이지만, 이 숲의 진정한 주인은 그 안쪽에서 자라는 웨스턴 헴록과 레드시다이다.

레드시다는 줄기에 가늘고 긴 주름이 수직으로 나있고 수피가 비교적 부드럽고 매끄럽다. 우리나라의 편백나무처럼 비늘잎을 지니고, 잎에는 매우 달콤한 향기가 배어 있다. 이 달콤한 향기를 풍기는 화학성분 때문에 시다나무에는 곤충이나 곰팡이들이 쉽게 달라붙지 않는다.

헴록은 짧은 바늘잎들이 무성히 달렸다. 그늘 속에서 매우 잘 견디어 해안 온대우림 지역에서 가장 흔히 볼 수 있는 나무다. 헴록은 또 그늘을 잘 참고 견디는 성질 때문에 거대한 나무들로 이루어진 캐나다 서해안 원시림 숲 속에서 시다와 함께 가장 흔히 볼 수 있는 극상림 수종이다.

"아주 먼 옛날 대지의 여신이 모든 나무들에 선물을 나누어주고 있었다. 그 선물이란 자신의 가지에 달릴 열매였다. 세상의 모든 나무가 한 줄로 서서 자신의 차례를 기다리고 있었다. 그러나 욕심이 많은 이 나무는 자신의 차례가 돌아올 때쯤엔 선물이 동이나 아무것도 받지 못할까 두려웠다. 성질도 급했던 이 나무는 자기 차례를 기다리지 못하고 그만 새치기를 했다. 그러나 이 나무의 새치기 장면은 대지의 여신에게 들키고 만다. 대지의 여신은 새치기에 대한 벌로 줄의 맨 끝으로 돌아가라고 이 나무에게 명령한다. 남 보기가 부끄러워진 이 나무는 줄 맨 끝에서 고개를 숙이고 자신의 차례를 기다렸다. 자신의 차례가 돌아왔을 때 여신으로부터 받은 선물은 세상에서 가장 작은 선물이었다."

서부 캐나다 인디언들 사이에 전해 내려오는 이 설화 속의 주인공 나무는 헴록이다. 이 이야기가 사실인 양, 실제로 헴록은 이 지역에서 자라는 침엽수 중 가장 작은 구과를 달고 있을 뿐만 아니라, 묘목 때부터 성숙목 때까지 우듬지가 항상 구부러져 고개를 숙인 모습을 하고 있다.

헴록은 원래 맹독성을 지닌 유럽의 초본류 식물로 소크라테스의 독배를 만들 때 사용되었던 식물로도 유명하다. 유럽의 식물학자들이 초창기 북미에 와서 식물 조사를 하는 중 헴록과 흡사한 냄새를 풍기는 나무를 북미 동부 지역에서 발견하면서 헴록이라고 이름을 붙였다. 그러다가 서부지역에 와보니 비슷한 모습을 한 나무가 있어 지역명을 붙여 먼저 발견한 동부의 헴록은 이스턴 헴록, 서부의 것은 웨스턴 헴록이라고 이름을 붙였다. 북미에 4개의 수종이 분포하는 헴록은 일본, 한국, 대만 등 동아시아 지역에서도 자생한다. 우리나라에선 울릉도에 자생하는 솔송나무가 같은 속屬에 속하는 나무다.

학명의 Tsuga는 일본에 자생하는 헴록의 이름에서 따왔으며, heterophylla는 잎의 크기가 균일하지 않다는 의미를 지닌다. 실제로 헴록의 작은 바늘잎들은 크기가 일정하지 않다.

헴록은 경쟁력이 매우 뛰어난 나무이다. 헴록은 그늘 속에서 발아한 다음 충분한 햇빛을 받을 때까지 수십 년에서 경우에 따라선 수백 년 동안

1 무성한 헴록의 바늘잎은 햇빛 투과를 막아 숲 바닥에서는 다른 생명체들이 잘 자라지 못한다.

2 헴록은 땅으로 뿌리를 뻗기 전까지 쓰러진 나무 속의 양분과 수분을 최대한 활용한다.

3 지상에서 2미터 이상의 죽은 나무줄기 위에서 발아한 후 자라다가 줄기 일부가 분해되어 유실된 모습.

4 헴록은 죽은 나무의 유리한 환경을 이용해 발아한 다음 자라면서 죽은 나무가 지니는 불리한 환경을 잘 극복한다.

5 죽은 나무의 밑둥치는 수분을 많이 함유하고 있다. 헴록에게 죽은 나무의 밑둥치는 장애물이 아닌 훌륭한 수분 공급원이 된다.

잘 참고 기다린다. 반면 가지에 달린 무성한 바늘잎은 짙은 그늘을 만들어 자신 밑에 다른 식물이 들어와 자라는 것을 허용치 않는다. 이는 주위 토양 속의 양분을 독차지하려는 헴록의 생존 전략이다.

헴록은 쓰러진 나무나 줄기가 꺾인 나무의 밑둥치 등 유기물이 적당히 축적된 곳에선 어디서든 발아해서 자라는 능력을 갖추고 있다. 오히려 죽어 쓰러진 나무 위에서 발아해 삶을 시작하는 것이 초기에는 여러 면에서 유리할 수 있다. 숲 바닥에서 자라는 식생들과 경쟁하지 않아도 되고, 숲 바닥보다 높은 곳에서 자라니 햇빛을 받는데도 유리하다. 특히 당분간 뿌리를 땅속에 뻗지 않고도 죽어 쓰러진 나무로부터 수분을 흡수하고 또 죽은 나무가 분해되는 과정에서 생기는 양분을 이용해 왕성하게 자란다. 충분히 키가 커지고 경쟁력이 생기면 그제야 비로소 뿌리를 땅속으로 뻗는다.

이 같은 경쟁력 때문에 헴록은 기적에 가까울 정도로 높은 생산성을 지닌다. 한 연구에 따르면 17년생 헴록 숲이 일 년 동안 생산하는 바이오매스로 불리는 생체량은 자그마치 일 헥타르 당 36톤이나 된다. 우리나라 소나무 숲이 10~20년 동안 자랄 양을 일 년 만에 해치우는 셈이다. 이 같은 높은 생산능력은 헴록만이 지닌 놀라운 생물학적 엔지니어링에서 나온다.

헴록은 침엽수 중 가장 많은 잎을 단 나무 중 하나로, 크게 자란 나무 한 그루에 달린 바늘잎의 수가 자그마치 7천만 개나 된다. 7천만 개의 바늘잎이 지니는 표면적을 모두 합하면 커다란 축구장을 덮고 남을 정도로 넓다. 즉 헴록은 축구장만 한 집열판을 갖고 있으며 이를 광합성에 사용하는 것이다. 또 헴록의 줄기는 수천 리터의 물을 저장할 뿐만 아니라 높은 가지에 달린 7천만 개의 바늘잎이 광합성을 할 수 있도록 매우 효율적으로 물을 공급한다. 이처럼 고도로 발달한 생물학적 엔지니어링에 의해 설계된 잎과 줄기를 지닌 헴록은 자연 높은 생산성을 지니게 된다.

헴록이 다양한 위치에서 뿌리를 뻗는 방법도 경이롭다. 줄기가 부러진 그루터기가 지상에서 2m가 넘는 높은 곳에 있을 때도 헴록은 그 위에서 발아한다. 그곳에서부터 마치 학의 다리처럼 긴 뿌리를 내리고 자란다. 헴록의 이런 모습은 열대림 정글 속에서 자신을 탄생시키고 자라게 해준 숙주목宿主木을 목 졸라 죽이는 교살목을 연상시킨다. 이런 생존 전략을 구사하는 헴록은 이 지역에서 가장 빨리 자라는 나무다. 대신 헴록은 산사태 지역이나 양분이 고갈된 토양에서는 자라지 못한다. 이 같은 헴록의 속성은 앞의 인디언 설화 속에 묘사된 헴록의 욕심 많고 조급한 성질과 매우 잘 일치한다.

완벽한 재료

시다

오늘날 시다라고 불리는 나무 이름에는 강인하고, 풍요롭고, 성스러움과 같은 문화적 의미가 크게 담겨 있다. 시다의 이 같은 문화적 의미는 아마도 옛날 페니키아 인들이 지중해 연안 여러 나라에 값비싼 건축용 목재로 팔던 레바논 시다에서 시작되었으리라고 짐작된다. 성경에 나오는 솔로몬 왕의 궁전도 레바논 시다로 지었다. 레바논 시다의 건축재로서의 유용함은 물론 웅장한 수관의 모습은 이 지역 사람들로부터 찬미와 존경의 대상이 되기에 부족함이 없었기 때문이다.

서구문명이 지구 전역으로 확산하면서 신세계에서 마주친 비슷한 문화적 특징을 지닌 나무들에 서구 사람들은 무조건 시다라는 이름을 붙였던 것 같다. 이 때문에 오늘날 세계 곳곳에 시다라는 이름으로 불리는 나무들이 무수히 존재한다. 레바논 시다로부터 시작해서 히말라야시다, 일본시다(삼나무), 북미의 레드시다, 옐로시다, 칠레 시다, 뉴질랜드 시다, 멕시코 시다, 심지어 러시아에도 시베리안 시다 케드르Kedr가 있다.

공통점은 마치 레바논 사람들이 그러했듯이 그 지역 그 나라 사람들에게 가장 사랑받은 나무란 점이다. 많은 시다들이 생명의 나무로 불리는 이유도 여기에 있다. 그러나 분류학적으로 보면 세계적으로 소나뭇과의 시

1 레드시다 열매 및 잎 모양. 잎과 열매가 우리나라의 편백과 흡사하다.

3 클레오쿠앗 만 내 미어섬의 700년생 레드시다

2 원주민들이 판자를 떼어낸 흔적이 남아있는 시다나무

4 오늘날도 원주민 주거지역 숲에선 껍질이 벗겨진 시다나무를 많이 볼 수 있다.

다라는 속명 Cedrus을 갖는 진짜 시다는 레바논 시다, 아틀라스 시다, 사이프레스 시다, 히말라야시다 4가지뿐이다. 시다라는 이름으로 불리는 나머지 나무들은 측백나뭇과Cupressaceae나 남양 삼나무인 아라우카리아 Araucariaceae과에 속한다. 지금 우리가 하이킹 하는 누카 트레일 주변에서 볼 수 있는 레드시다도 진짜 시다에 속하는 나무가 아니라 시다라는 명칭이 지니는 문화적 의미가 훨씬 강한 나무이다.

해안 온대 우림에는 두 가지 종류의 시다가 자란다. 하나는 목재와 수피 안이 붉어 레드시다로 이름이 붙여진 시다와 다른 하나는 붉은 시다와 비슷하지만, 목재의 색깔이 노란색에 가까운 옐로시다[2)]이다. 두 가지 시다 모두 잎의 모양은 우리나라에서 자라는 편백나무와 흡사하다. 분자 생물학이나 유전학기술이 발달하면서 DNA 지도 같은 기술이 분류학에 적용되면서 과거 형태 위주의 분류에 문제가 있는 경우가 종종 발견되고 있는데, 옐로시다의 경우가 현재 분류학자들 간에 재분류 논란의 대상이 되는 나무 중 하나이다. 이 두 시다 모두 축축한 땅에서 잘 자라며, 그늘 속에서도 잘 견딘다. 누카 트레일처럼 비가 많이 내리는 지역에서 시다는 헴록과 함께 천이의 마지막 극상림 단계를 이루며 자란다. 레드시다는 저지대에 분포하는 반면, 옐로시다는 해발이 600m 이상인 추운 곳에 주로 분포한다.

북미 서해안에서 시다는 이곳 인디언들에게 역사적으로 우리나라 소나무만큼이나 각별한 애정과 존경을 받아온 나무이다. 인디언들은 이 나무로부터 생활에 필요한 거의 모든 것을 얻었다. 집, 카누, 토템 기둥, 집의 지

2) Yellow Cedar : *Callitropsis nootkatensis*, 예전엔 *Chamaecyparis nookatensis*로 명명되었었다.

1 시다나무 껍질로 만든 각종 바구니 및 집기들. 말린 쐐기풀을 꼬아 만든 끈도 보인다.
2 원주민 조각가 빌 리드의 하이다 창조설화를 표현한 작품 "갈가마귀와 첫 사람" 옐로 시다로 제작되었다. 밴쿠버 UBC 대학 박물관 소장

붕과 벽체, 각종 생활 집기뿐만 아니라 심지어 의복, 바구니, 모자, 밧줄, 행주까지 만들어 썼다.

카누, 집, 토템 기둥 등 건축재는 나무의 줄기를 이용해서 만들지만, 의복, 바구니, 모자 등은 이 나무의 껍질을 벗겨 만들었다. 얇게 떼어낸 판자는 증기에 쪄 직각으로 구부려 상자나 함을 만들어 물건을 보관하는 데 썼다. 시다나무가 지니는 독특한 향 때문에 집이나 토템 기둥을 만들거나 의복을 만들어도 잘 썩지 않아 오랫동안 쓸 수 있었다. 이처럼 살아가는 데 필요한 모든 것을 제공해 주었기 때문에 그리고 자신들의 삶을 더욱더 편리하게 해주었기 때문에 이 나무의 별명은 "생명의 나무Tree of Life, Arbor Vitae", "인간을 장수하게 하는 나무Long Life Maker" 등으로 불려오고 있다. 공교롭게도 이 두 시다는 그 스스로가 이 지역에서 가장 오래 사는 나무들이기도 하다. 레드시다는 1천 500년, 옐로시다는 2천년

까지 산다.

시다나무는 전통적으로뿐만 아니라 현대적으로도 매우 귀중한 목재로 이용되고 있다. 인디언들의 전통적 이용을 통해 입증된 것처럼, 잘 썩지 않는 성질을 이용한 건축재로 유용하게 쓰이고 있다. 특히 지붕, 벽, 데크 등 비바람에 노출되는 환경에 많이 쓰인다. 또 바이올린, 기타 같은 악기나 목각 등 고급 예술작품의 재료로 이용되고 있다. 레드시다는 비씨 주를 상징하는 주목州木이기도 하다.

전통적으로 시다나무의 껍질을 벗겨 의복을 만들고 바구니를 짜는 일은 인디언 여성들의 몫이었다. 시다 껍질로 공예품을 만든 경험이 많은 할머니들은 딸이나 손녀들을 데리고 질이 좋은 껍질이 붙어 있는 나무를 고르는 법부터 껍질을 벗기는 법까지 현장에서 직접 가르쳐 주었다. 우선 줄기가 굽었거나 뒤틀리지 않고 곧게 자라면서, 낮게 붙은 가지가 없는 시다나무를 고른다. 껍질을 벗기기 전에 일단 나무의 정령에게 다음과 같이 기도를 올린다.

"나무님, 당신이 입고 계신 옷 일부를 제게도 주십시오!"

나무로부터 기도에 대한 응답을 받으면 날카로운 칼을 이용해서 줄기 둘레의 3분의 1 정도 길이로 줄기 표면을 절개하고 수직으로 짧게 찢어 여러 개의 갈기를 만든 다음 양손으로 잡고 뒤로 물러서면서 껍질을 뜯어낸다.

할머니는 딸이나 손녀에게 껍질을 벗길 때 만일 욕심을 내어 3분의 1 이상을 벗기면 주위에 있는 나무들이 증인이 되어 나중에 저주를 받을 것이라는 경고를 준다. 이는 나무의 생장에 큰 방해가 되지 않도록 하려는 인

원주민 여성들이 껍질을 벗기는 의식

1 곧게 잘 자란 시다 나무를 고른 다음 나무의 정령께 껍질을 주십사하고 기도를 올린다.
2 가지가 제일 적게 난 면을 택해 날카로운 도구를 이용해 껍질 안쪽까지 가로로 상처를 낸다.
3 동물의 뼈로 만든 도구를 이용해 껍질을 뜯어낸다.
4 손에 쥐어질 만큼 껍질이 벗겨지면 양손으로 잡고 좌우로 비틀면서 뒤로 물러나면서 껍질을 뜯어낸다.
〈Hilary Stewart 1984 Cedar © Douglas & McIntyre〉

디언들의 배려였으며, 지속 가능하게 자원을 이용하려는 지혜이기도 했다. 인디언들이 껍질을 벗길 때는 높은 산에서 자라는 옐로시다보다 주거지 근처의 저지대에서 자라는 레드시다를 훨씬 더 많이 이용했다.

생명의 나무 시다가 인디언들의 삶을 위해 필요한 모든 것을 만들어 준 것처럼 이 세상의 그 어떤 재료나 물질도 나무의 튼튼함과 쓰임새와 아름다움을 능가하지 못한다.

나무가 지니는 우월성은 인간이 건축한 건물과 비교해 보면 더욱더 잘 나타난다. 인간의 건축술로 건물을 지으면 나무보다 훨씬 크게 지을 수 있다. 고대로부터 인간은 나무들보다 크고 높은 건물을 지어왔다. 오늘날 세계의 도시 경관을 지배하는 초고층 유리벽 건물들은 물론이거니와 고대 이집트, 그리스, 로마 시대부터 인간은 나무보다 훨씬 크고 높은 건물들을 지어왔다. 그러나 건물은 건축이 될 뿐 나무처럼 자라지 못한다. 건물은 완성될 때까지는 사용할 수 없는 무용지물이다. 건물이 지어지는 동안은 불안정하기 때문에 쓰러지지 않도록 받침대나 비계로 고정해놓아야 한다. 일단 건물이 완성되면 고치거나 수리하지 않는 한 처음 설계된 대로만 존재하게 된다.

건물과 달리 나무는 탄생 순간부터 자란다. 또 건물과는 달리 성장과정 중에도 여전히 광합성이나 번식과 같은 자신 고유의 기능을 계속한다. 나무가 생장하면서 굵기와 높이가 커지면 각 부위에 전달되는 압력이나 긴장도 덩달아 높아진다. 그럼에도, 나무는 높이와 줄기 생장을 통해 웅장함과 거대함을 달성한다. 비계나 버팀목과 같은 외부의 도움 없이 탄생부터 죽음에 이르기까지 생애의 모든 단계에서 독립된 생명체로서의 삶을 영위

살아있는 시다나무로부터 판자를 떼어내는 모습

1 갈라진 틈에 쐐기를 박아 위에서 아래로 판자를 뜯어낸다.
2 갈라진 틈에 밧줄을 걸어 잡아당기기도 한다.
3 벌어진 틈에 쐐기나 나무를 끼워 놓은 상태로 놔두면 저절로 판자가 떨어진다.
〈Hilary Stewart1984 Cedar © Douglas & McIntyre〉

한다.

이는 인간의 엔지니어링으로는 불가능한 나무만의 위업이다. 나무는 벌채되어 더 이상 생장이 불가능하게 될 경우에도, 셀룰로오스, 리그닌, 타닌으로 이루어진 매우 정밀한 화학적 구조 때문에 높은 강도를 유지하고 건축이나 공예재료로서 기능을 훌륭하게 수행한다. 나무는 자연이 만든 최고의 재료이자 발명품이다. 당대 세계 최고의 조각가였던 영국의 헨리 무어(1898-1988)와 같은 명장도 나무가 지니는 아름다움을 최대한 돋보이게 한 예술품을 제작했지만 정작 자신이 작품 재료로 썼던 목재는 만들지 못했다.

캐나다에서 당대 최고의 조각가였던 빌 리드[3)]는 자신의 작품을 위해 많이 사용했던 시다나무를 다음과 같이 칭송했다.

오 시다나무여!
인류 문명이 시작되었을 때
아름답고 재료로서의
모든 필요를 충족시킬 수 있는
완벽한 물질을 달라고 신에게 빌었다면,
자비로운 신이 인류에게 주었을 물질은
당신밖에 없었을 것입니다.
(빌 리드)

시다나무는 이 세상에서 가장 완벽한 재료이자 물질이다.

---

3) 북쪽 해안 퀸샬럿 섬의 하이다 출신 인디언 예술가 (1920-1998)로 당대 최고의 캐나다 조각가였다. 인디언 예술의 대중화에 커다란 기여를 했다. 그의 대표적인 조각품 중 하나인 '하이다 과이의 영혼'이 밴쿠버 공항 2층 출국장 제일 중앙에 전시되어 있다. 또한 브리티시컬럼비아 대학의 인류학 박물관내에도 하이다 건국설화를 표현한 그의 작품 '갈가마귀와 첫 사람'이 역시 박물관의 대표적 작품으로 전시되어 있다.

700년

시다나무의 시간

점심 무렵 트레일은 다시 바닷가로 나가, 우리는 해안을 따라 걷고 있었다. 가까운 곳에 작은 바위섬 두 개가 앞바다를 가로막고 있었다. 해안선도 들쑥날쑥하게 가고 있어 카누를 탄 적들의 눈에 쉽게 띄지 않을 것 같았다. 이 바닷가도 어쩐지 옛날에 인디언들이 살았을 것 같은 느낌이 들었다. 인디언들이 살았더라면 200여 년 전 프렌들리 코브에 스페인 군대가 주둔하면서 비노 크릭으로 쫓겨났던 마퀴나와 그의 부족 중 일부가 이곳을 임시 거처로 삼아 살았을 것이란 생각이 들었다.

우리는 작고 아담한 비치 끝에서 점심을 먹었다. 우리가 앉은 곳에서 얼마 떨어지지 않은 곳에는 물에 젖어 있는 바위 절벽이 있었고, 절벽에는 잎 조각 가장자리가 마치 은행잎을 닮은 공작고사리들이 무성히 붙어 자라고 있었다. 공작고사리는 잎이 배열된 모양과 짙은 보라색의 잎자루가 특별히 아름답다.

다시 숲으로 들어가 트레일을 걷기 시작했다. 얼마 후 우리는 앞을 가로막고 서 있는 거대한 레드시다 두 그루 앞에 발길을 멈추었다. 나무의 크기가 압도적이었다. 배낭을 벗고 나무를 올려다보았다. 휘거나 구부러진 부분이 없이 똑바로 잘 자란 줄기가 하늘 높이 솟아 있었다. 높이는 60m가족히 넘을 듯하다. 나무 주위를 둘러보았다. 예닐곱 사람이 손을 뻗어야 한 바퀴를 돌 수 있을 만큼 굵었다.

한 나무의 줄기에는 인간의 손길이 닿은 흔적이 남아 있었다. 지상에서 5m쯤 위에 날카로운 도구로 줄기의 일부를 떼어낸 흔적이 확연하게 남아 있었다. 인디언들이 가옥의 지붕이나 벽에 사용하기 위해 판자를 떼어낸 흔적이었다. 나무껍질이 남아있는 양쪽 부분이 크게 부풀어 올라 있는 것을 미루어 볼 때 오래전에 판자를 떼어낸 듯하다. 인근에는 껍질이 벗겨진 시다나무도 있었다. 오래전에 껍질이 벗겨진 듯 벗겨진 부분에는 잔뜩 이끼가 붙어 있었고 불에 탄 흔적도 남아 있다. 이는 가까운 곳에 인디언들이 살았다는 증거이기도 했다. 아마도 우리가 점심을 먹었던 비치에 살던 마퀴나의 부족들이나 그의 후손들이 남긴 흔적이리라. 마퀴나와 그의 부족들이 살던 집터는 흔적도 없이 사라졌지만, 그들이 시다 줄기에 남긴 상처는 200여 년이 흐른 지금도 아직 생생하게 숲 속에 남아 있었다.

다른 나무보다 질이 좋은 껍질이 생산되어 양질의 바구니, 모자, 의복을 만들 수 있었던 시다나무는 껍질을 벗긴 여성에 의해 기억되었다가 다음 세대에 자신의 딸이나 손녀를 데리고 와서 같은 나무에 대해 같은 작업을 반복한다. 껍질이 벗겨져 수피의 일부가 노출된 시다는 시간이 흐르면서 이 부분의 상처가 아물고 봉합되면서 과거의 상처는 흔적을 남기지 않고 사라지게 된다. 그러면서 예전에 손녀였던 여성이 할머니가 되어 자신의 손녀를 데리고 다시 찾아왔을 때 또다시 껍질을 벗겨 갈 수 있도록 해 준다.

수 세대에 걸쳐 몇 차례씩 껍질이 벗겨졌음에도 능히 이를 극복하고

1 파르테논 신전. 그리스 아테네
2 룩소 신전. 이집트 룩소
3 카르낙 신전. 이집트 룩소

꿋꿋이 천 년 이상 살아 견디는 시다의 모습은 경이롭다. 시다의 이런 놀라운 생명력을 근처에서 눈으로 확인하며 살아온 인디언들이 이 나무를 존경하지 않을 수 없었으리라.

비씨 주에서는 이처럼 인간의 손길이 가해졌던 흔적이 남아 있는 나무는 "문화적으로 변형된 나무" Culturally Modified Tree로 분류해서 마치 우리나라의 천연기념물이나 자연문화 유산처럼 귀중하게 다룬다. 상처가 채 아물지 않아 속살이 보이거나 속살이 썩어가는 나무를 보고 있노라면 마퀴나 시대 이 나무 앞에서 껍질을 벗기던 인디언 여성들의 모습이 아련히 머릿속에 떠오른다. 이어 숲 속에 울려 퍼지던 그들의 노동요가 귓전을 울린다.

"껍질아~ 껍질아~ 높이~ 높이~ 올라가~ 긴~ 긴~ 껍질을 만들어 주렴~"

나는 마퀴나가 살아있던 200여 년 전 이미 큰 나무로 성장해 있었을 이 시다 나무가 얼마나 오랜 세월 동안 이 자리를 지켜왔는지 궁금해졌다.

1980년대 초 나일 강 상류에 있는 고대 이집트 도시인 룩소로 여행을 간 적이 있다. 여자 가수 나나무스쿠리를 보려다가 실패한 그리스 다음의 여정이었다. 당시 유럽지사에서 근무하다 돌아온 선배가 적극적으로 권장하여 계획에 없던 일정을 추가하여 일부러 카이로에서 밤 열차를 타고 내려갔었다. 역에 기다리고 있던 이집트인 가이드가 룩소 신전과 카르낙 신전으로 안내를 했다.

신전 건물 밖에는 화강암 바위 하나를 통째로 조각해 만든 높이가 20m가 넘는 오벨리스크 첨탑이 세워져 있었고 수십 기의 작은 스핑크스 상들이 늘어서 있었다.

신전 건물 안에는 지붕을 받치고 있던 육중한 기둥들이 서 있었다. 기둥에는 아름다운 상형문자와 고대 이집트를 상징하는 연꽃과 파피루스 문양이 조각되어 있어 신전의 웅장함과 아름다움을 더했다. 웅장한 신전 건물의 아름다움과 고대 이집트 사람들의 건축술은 경이로움 그 자체였다. 돌과 흙으로 지어진 룩소 신전과 카르낙 신전을 보고 있노라면 이들이 지어진 3천여 년 전 람세스 2세 시대에 와 있는 듯한 느낌이 들게 해주었다.

그 이전 여정이었던 그리스와 로마에서도 비슷한 시간 여행을 할 수 있었다. 나나무스쿠리를 포기한 대신 아크로폴리스 언덕의 파르테논 신전을 찾았다. 신전 지붕은 모두 사라졌지만, 여전히 신전건물을 뼹 둘러가며 서 있는 수직으로 주름을 파서 조각한 도리아식 기둥과 기둥 위에 얹혀 있는 대리석 들보는 나로 하여금 시간을 거슬러 2천여 년 전으로 가 있게 만들

1 시다의 시간과 인간의 시간을 시각적으로 표현할 수 있다면 이 사진 속의 시다나무와 사람의 크기가 될 것이다.

2 누카 트레일 숲속의 거목 줄기 안에는 과거 원주민 삶의 흔적들이 기록되어 있다.

었다.

신전 안에서 여신 아테나를 위한 의식을 거행하던 그리스 사람들의 경건한 모습이 눈앞에 선했다. 내가 방문했던 날 마침 신전 옆 광장에서 그리스 전통 복장을 한 병사들이 하기식을 거행하고 있었다. 검붉은 베레모를 쓰고 흰 스타킹과 흰 치마 위에 붉은색 조끼를 받쳐 입은 병사들의 고풍스러운 전통 의상 역시 나의 시간 여행을 도와주었다.

몇몇 원주형 기둥만 덩그러니 남은 로만포럼 유적지 앞에 섰을 때도 팽창하는 로마제국의 개선장군과 병사들의 행진에 열광하던 로마사람들의 요란한 환호성이 들리는 듯했다.

유럽과 이집트에서 본 유적들은 이들이 지어지고 이용되던 먼 과거와 현재를 연결해주었다. 현재에 살면서 과거로 거슬러 되돌아 갈 수는 없지만 이런 유적을 통해 과거 일부를 어렴풋이나마 엿볼 수 있었다. 내가 처음 경험한 오래된 과거로의 시간여행이었다.

지금 내 앞에 서 있는 거대한 레드시다에 담겨 있는 오래된 시간은 람세스 2세가 지은 카르낙 신전의 기둥보다 더 굵고 그가 세운 오벨리스크보다 더 키가 큰 나무줄기에서 느낄 수 있다. 이만한 높이와 두께로 자랄 때까지 엄청난 시간이 흘렀을 것이라고 상상이 되었다. 비씨 주 산림청에 오랫동안 근무하면서 더 크고 오래된 시다를 많이 보았을 폴에게 물었다.

"폴, 이 시다가 몇 년생 쯤 된 것 같아?"

"글쎄…… 이 정도면…… 흠…… 한 7,8백 년생 정도 되지 않았을까?"

천 년 이상 된 시다를 어렵지 않게 볼 수 있는 캐나다 서해안에서 7,8백 년 정도는 특별히 오래된 나무에 속하지 않았다. 그러나 우리가 이번 하

치왓 자이언트. 캐나다에서 가장 큰 레드시다. 줄기 직경 6.7m, 높이 56m, 나이는 천년 이상으로 추정되고 있다.

이킹 중 만난 가장 큰 나무였고 그냥 지나치기가 너무 아까울 정도로 기품과 웅장함이 돋보이는 나무였다.

사실 세상에는 이보다 훨씬 크고 오래된 나무들도 많이 존재한다. 같은 밴쿠버 섬 서해안 지역이지만 누카 섬 남쪽으로 250km 떨어진 칼마나 계곡에는 높이가 95m인 싯카 가문비나무가 자란다. 이 나무는 캐나다에서 가장 큰 나무임과 동시에 세계에서 가장 키가 큰 가문비나무로 알려졌다. 캘리포니아 북쪽 해안에는 높이가 100m가 넘고 나이는 천 년 이상 된 레드우드들이 아직도 자라고 있다. 나무의 크기는 그리 인상적이지 못하지만, 미국 캘리포니아 등 건조한 지역의 아고산 지역에서 자라는 브리스틀콘 소나무들의 나이는 5천 년에 가깝다.

그렇지만, 지금 내 앞에 서 있는 레드시다의 7백 년은 인간의 기준으로 따지면 매우 긴 시간임이 틀림없다. 인간세대로 따지면 20번 이상의 세대가 되풀이되어야 하는 기간이며, 인간의 일생이 10번 가량 반복되어야 하는 기간이다. 콜럼버스가 북미대륙에 도착했을 때 이 나무는 이미 2백 년 동안 이곳에서 자라고 있었다. 1778년 이곳에서 불과 20km 정도 떨어진 누카 만에 쿡의 레졸루션 호와 디스커버리 호가 정박했을 때 이 나무들은 이미 지금과 별 차이 없는 거목으로 성장해 있었다. 이 나무는 쿡의 도착을 마치 지난주쯤에 일어났던 일처럼 기억하고 있을 것이다.

시간을 거슬러 이 나무가 삶을 처음 시작한 7백 년 전 지구의 모습을 상상해 보았다. 전 세계 인구는 3억 명에 불과했다. 현재 우리나라 인구의 6배에 불과한 사람들이 세계도처에 흩어져 살고 있었던 셈이다. 아메리카 대륙, 호주, 뉴질랜드에는 아직 백인들이라곤 한 사람도 없었다. 유럽인들은 여전히 지구가 우주의 중심이며 지구를 중심으로 우주가 회전한다고 굳게 믿고 있었다. 코페르니쿠스가 태양을 중심으로 한 지동설을 바탕으로 정반대의 주장을 한 것은 이 나무가 태어나고 나서 200년이 지난 다음이다.

또 대부분 사람은 아직도 지구는 평평하다고 믿고 있었다. 마젤란이 자신의 항해를 통해 그렇지 않다는 것을 입증했을 땐 이 나무는 이미 200년생으로 자라 있었다. 모험적 상인이었던 마르코 폴로가 젊은 시절 24년을 바친 육로 여행을 통해 자신의 고향 베네치아에서 중국까지 갔다 돌아와 쓴 동방견문록은 세상의 빛을 보기 시작했다. 세계는 이제 막 비단길을

해안 온대우림 속에는 오랜 세월을 지켜온 거대한 나무들이 듬성듬성 서있다.

통한 동서 간의 교역이 시작되려 하고 있었다. 우리나라에서는 고려 말 승려 일연이 삼국유사를 완성했고, 문익점이 붓 속에 숨겨 들여온 면화씨앗의 보급으로 이제 막 무명옷으로 겨울을 따뜻하게 지낼 수 있게 되었다.

람세스 2세가 살았던 때나 파르테논 신전이 지어졌을 때만큼 먼 과거는 아니지만 이시다 나무가 간직한 시간은 우리 인간이 감지하기 어려운 긴 세월임에는 틀림이 없다.

그동안 인간이 세우고 쌓은 신전과 건물들은 무너지고 폐허가 되었다. 위대한 파라오였던 람세스 2세는 왕들의 계곡 지하무덤에 묻혀 미라로 변했고, 이후 동로마 제국의 지배하에서 이교도들의 우상숭배로 간주되었던 카르낙 신전은 방치되고 폐허로 변했다. 아크로폴리스 언덕에서 여신 아테나를 위해 의식을 거행하던 아테네 시민이나 성직자들도 사라지고 없다. 오스만제국 등 주변 열강들의 침략전쟁에서 신전은 파괴되고 약탈당했다. 영국은 아직 돌려주지 않는 파르테논 신전 기둥 위의 아름다운 대리석 조각 엘긴 마블을 뜯어 갔다.

오늘날 이 두 신전은 폐허 속에서 찾아낸 조각들을 발굴해 마치 퍼즐 조각을 끼워 맞추듯 원래의 모습에 가깝게 복원한 것이다. 그러나 여전히 뼈대만 남은 앙상한 모습은 감추지 못하고 있다. 그래서 이들은 각각 3천 년 전과 2천 년 전에 지어진 매우 오래된 건물들이지만 더는 사용되지 않는 유적일 뿐이다.

인간이 축조한 건물이나 인공물들은 인간의 생명주기와 비슷한 운명을 맞이한다. 인간이 살아 있는 동안 사용되다가 인간의 죽음과 함께 더는 사용되지 못하고 방치되거나 폐기되어 땅속에 묻히게 된다. 이중 일부는 발굴되어 유물이나 유적으로 변해 박물관 전시실에서 제2의 삶을 산다.

반면 누카 섬의 서해안에 서 있는 이 시다나무는 두 신전만큼 오래되지는 않았지만 더는 사용되지 않는 유물이 아니라 여전히 왕성한 생명활동을 계속하는 생명체로 우리 앞에 서 있었다.

우리 앞에 위용을 자랑하며 서 있는 시다나무가 60m 높이까지 자라는 동안 숲 밖의 세계에서는 엄청난 변화가 일어났다. 세계 인구는 그 사이 23배 이상 늘어나 70억 명으로 변했고, 조용하던 세계는 인간이 발명한 각종 기계로부터 나는 소리 때문에 끊임없는 소음 속에 파묻히게 되었다. 콜럼버스의 신대륙 발견을 시발로 유럽 열강들의 국외 식민지 개척과 함께 국외 무역이 성행하기 시작했다. 유럽에서는 문예 부흥기를 거쳐 산업혁명이 일어났고 취사와 난방용으로 쓰던 땔감 나무는 석탄과 석유 등의 화석연료로 완전히 대체되었다. 마르코 폴로나 마젤란과 같은 모험가가 아니면 할 수 없었던 장거리 외국여행을 제트여객기 같은 운송수단이 발명되면서 누구나 손쉽게 할 수 있게 되었다. 마르코 폴로가 그의 삶의 대부분을 바쳐 여행했던 이탈리아에서 중국까지는 이제 기내식 두 끼나 앞좌석 등받이에 달린 모니터를 통해 볼 수 있는 영화 몇 편 꺼리로 단축되었다. 이렇게 변한 세상에서 사람들은 걷기보다 차 타기를 좋아하고, 쓰던 물건을 재활용하기보다 버리고 새것을 사길 원하며, 교실이나 현장에서 배우기보다 인터넷을 통해 정보와 지식을 얻고, 친구의 기쁘거나 슬픈 표정들은 점점 조그만 액정화면에 뜨는 ㅋㅋ 나 ㅠㅠ로 대체되고 있다. 이 모든 변화가 내 앞에 서 있는 이 한 나무가 살아온 기간에 일어난 것이다.

그동안 숲 밖의 인간세계에서는 이처럼 엄청난 변화가 일어났지만, 이 숲은 변함없이 여전한 모습을 그대로 유지하고 있다. 물론 숲 바닥에서 자라던 시다와 헴록들은 어린싹으로부터 지금과 같은 거대한 나무들로 성장하는 변화가 있었고 개개의 나무들은 탄생과 성장, 노령화 과정을 거치는 변화가 있었지만, 숲의 안과 밖은 전체적으로 7백 년 전이나 지금이나 똑같은 모습을 유지하고 있다. 이 숲은 지금 내게 오랜 시간이 지나도록 변함없는 영원을 보여주고 있었다.

시다나무 앞에서 고개를 들고 다시 위를 올려 다 보았다. 한 거대한 나무가 살아온 700년의 세월이 주마등처럼 내 머릿속을 스치며 지나갔다. 그간 인간세계에서 일어난 엄청난 변화를 비웃기라도 하듯 이 나무는 700년 동안 변함없이 이곳 한자리를 지키고 서 있었다. 이 거대한 시다나무로부터 전해지는 어떤 기운이 나를 압도하기 시작했다. 갑자기 가슴이 떨렸다. 떨림은 파문처럼 온몸으로 번져나갔다. 팔뚝에는 굵은 소름이 돋아났다. 이 거대한 시다나무가 발산하는 알 수 없는 에너지가 내 몸 속에서 크게 요동치며 지나갔다.

바람의 조각품

싯카 가문비

마퀴나 포인트에 가까워지면서 트레일은 숲과 바다 사이를 두 번 더 오간 후 바다 쪽으로 돌출된 깎아지른 절벽 위를 지나가고 있었다. 우리는 절벽 위의 전망이 좋은 바위 위에서 쉬었다. 확 트인 바다가 눈앞에 펼쳐졌다. 절벽 아래 바다에는 빼곡히 자란 다시마 밭이 해안선을 따라 남쪽으로 길게 펼쳐져 있었다. 바위절벽 해안선은 남쪽으로 더 길게 뻗어 있었다. 가까이 보이는 바위 절벽 위에는 바닷바람에 노출된 싯카 가문비나무들이 바람과 싸우면서 견디는 모습을 하고 서 있었다.

바다, 절벽, 해안을 덮는 원시림이 한데 어울린 아름다운 경관이 펼쳐져 있었다. 이 아름다운 곳을 서둘러 떠날 이유가 없는 우리는 한참 동안 절벽 끝에 앉아 바다를 내려다보고 앉아 있었다. 바로 앞 바위섬에는 검은머리 물떼새가 둥지를 튼 듯 우리가 그곳을 떠날 때까지 그곳을 떠나지 않고 있었다.

절벽에서 내려오자 자그마한 비치가 우리 앞에 나타났다. 비치는 피오르드가 만든 좁고 긴 포구의 제일 안쪽에 있었다. 바로 앞이 바다이지만 높은 절벽이 대문처럼 바다를 가로막고 있어 마치 열린 대문 사이로 밖이 보이듯 바다가 조금밖에 보이지 않았다. 해변은 파도의 힘이 미치지 못하는 듯 거칠고 굵은 돌과 자갈로 덮여 있었다. 양쪽의 바위 절벽 사이로 좁고 긴 물길을 만들며 들어온 바닷물은 바위들 때문에 쉽게 접근하기가 곤란했다.

바위로 된 해안과 바위에 부딪히는 파도가 위험하기도 했고, 수심도 깊어 사람들이 이곳에서 캠핑할 것 같지는 않았다. 그러나 사람들이 없는 곳을 일부러 찾아 하이킹 중인 우리에게는 큰 문제가 되지 않았다. 우리는 이곳에서 캠핑하기로 했다. 굵은 돌 자갈 위에서 자야 하고 바다 쪽의 시야가 절벽에 가로막힌 점을 빼면, 이곳은 캐나다 서해안의 전형적인 거칠고 야생적인 분위기가 물씬 풍기는 곳이다. 해안가 절벽 위에서 서서 자라는 싯카 가문비나무들이 그런 분위기를 더해 주었다.

우리가 텐트를 친 주위는 온통 바위 절벽으로 둘러싸여 있어 마치 천연의 원형극장을 연상케 했다. 우리는 원형극장의 맨 아래쪽에 있는 무대에 텐트를 쳤다. 바위 절벽에는 싯카 가문비나무들이 계단식 객석에 앉아 있는 관객들처럼 우리 이방인들을 내려다보고 있었다.

햇빛을 좋아하는 싯카 가문비나무는 다른 나무들에 둘러싸여 있는 걸 싫어한다. 숲 안쪽에 있기보다 확 트인 전면에 나서길 좋아해 해안 온대우림의 전위대 역할을 자처한다. 그만큼 바닷가에 맨 앞에 서서 거센 바닷바람을 혼자 맞으며 자란다. 해풍에 실려 오는 소금기도 참아내야 한다. 바닷가에 자라는 가문비들은 세차고 모진 바람을 맞으면서도 꿋꿋이 자라는 모습 때문에 매우 강인한 인상을 풍긴다. 반면 가문비나무들이 만드는 바람 그늘 속에서 자라는 헴록과 시다들은 좀 비겁해 보인다. 자신들 앞에 가문비나무를 마치 총알받이처럼 세워 놓고 그 뒤에 몸을 숨긴 모습처럼

1 싯카 가문비나무는 토양조건이 유리한 환경에서는 매우 크게 잘 자란다. 칼마나 계곡
2 해안가 바위 절벽 위에서 바람을 맞으며 자라는 싯카 가문비나무들
3 줄기가 가는 관목들은 포복형으로 바위를 감싸고 그 사이를 뚫고 가문비나무들이 우뚝 솟아 있다.

보이기 때문이다.

싯카 가문비나무 잎은 바닷바람 속에 포함된 인, 칼슘, 마그네슘을 직접 해풍으로부터 흡수해 영양분을 보충하는 능력을 지닌다. 또 싯카 가문비나무 수관에는 많은 지의류가 붙어 자라는데 줄기로부터 증발되는 많은 양의 수분이 수관에 걸리면서 지상에서 50m 이상 떨어진 높은 곳에서도 지의류들이 삶을 이어갈 수 있도록 한다.

싯카 가문비나무는 비옥한 토양에서 자랄 땐 매우 크고 높이 자라 재목으로도 요긴하게 쓸 수 있다. 싯카 가문비나무는 무게 대비 목재의 강도가 가장 높은 나무로 꼽혀 1차 대전 중에는 비행기 날개를 만드는 데 사용되었다. 즉 재질이 알맞은 강도를 지니면서도 가벼운 특징 때문에 비행기 동체제작 재료로 매우 적합했기 때문이다. 이 때문에 당시에 싯카 가문비나무는 '비행기 가문비나무'aircraft spruce로 불리기도 했다. 오늘날에는 가문비나무는 피아노, 바이올린, 기타 등 고급 악기의 울림판으로 널리 사용된다. 해안가에서 서서히 자라는 싯카 가문비나무는 옹이가 거의 없으며 가늘고 균일한 나이테를 지니는 목재를 만들어 양질의 음향을 만들기 때문이다.

가문비나무들은 양분이 거의 없는 바위 위에 쌓인 얄팍한 토양 위에 뿌리를 내리고 세찬 바닷바람을 맞으며 자라면서 크롬홀즈Krummholz라고 불리는 독특한 수형을 발달시켰다. 줄기는 바람이 지나가는 방향으로 크게 휘어져 있고 가지는 바람에 의한 수분증발을 막으려고 최소한으로 뻗었다. 가지를 뻗은 방향도 바람이 부는 순방향으로 뻗어 바람과의 불필요한 마찰을 최대한 피했다. 또 가지들은 수관 전체를 유선형으로 만들어 바람이

1 바람이 부는 순 방향으로만 가지를 뻗은 가문비나무.
2 바람이 조각한 생명의 처연한 아름다움
3 마주보고 있는 바위 절벽 위를 가로 질러 쓰러진 가문비나무. 그 위에서도 어린나무들이 자라고 있다. 9년이 지난 후에 다시 찾아 갔을 때도 변함없는 모습을 하고 있었다.

잘 지나갈 수 있도록 했다.

이 나무를 멀리서 보면 마치 깃발이 바람에 나부끼는 듯한 모습을 하고 있다. 이 나무의 모습은 말 그대로 풍파에 찌든 추한 모습으로 비칠 수 있다. 그러나 이런 가문비나무의 모습은 겨울 동안 끊임없이 세차게 부는 바람 앞에서 무리하게 저항하지도 않으며, 그렇지만 굴복당하지도 않고 살아남은 모습이다. 이는 가문비나무가 자신에게 주어진 척박한 환경 속에서 찾아낸 삶의 해답이다. 가문비나무의 이런 모습은 시각적으로 특별히 아름다운 모습은 아니다. 그러나 이 모습은 죽음을 상징하는 세찬 바람과 추위 앞에 굴복당하지 않고 꿋꿋이 살아남은 생명의 야한 모습임에는 틀림이 없다.

우리가 텐트를 친 곳 옆에는 바위 절벽 두 개가 서로 마주 보며 협곡을 이루고 있었다. 우리는 조금 전 이 협곡 사이를 걸어서 텐트 친 자리까지 왔다. 협곡 위에는 쓰러진 큰 가문비나무가 협곡 사이의 허공을 가로질러 걸쳐져 있었다. 협곡을 건널 수 있는 천연의 다리를 만들고 있었다. 나무가 걸쳐져 있는 지점은 지상에서 25m는 족히 될 것 같았다. 쓰러진 나무 위에 어린나무들이 자라는 것으로 보아 나무는 오래전에 쓰러진 듯하다. 그 위에서 자라는 나무들은 일부러 그런 위태로운 곳을 선택해 자라는 것 같지는 않다. 씨앗이 우연히 협곡을 가로질러 걸쳐진 나무 위에 떨어졌고 씨앗은 그것을 운명으로 받아들였다. 쓰러진 나무 위에서 자라는 나무들은 양분과 수분이 극도로 제한된 환경에서 자라고 있다. 이들의 운명은 협곡을 가로질러 걸쳐진 나무와 함께 해야 한다. 나무가 썩어 부러지면 그 위에서 자란 나무들의 운명도 함께 끝날 것이다. 벼랑 끝에 매달린 생명의 모

1 나무에 붙어 자라는 착생 지의류 우스니아
3 실타래처럼 아래쪽으로 길게 늘어져 자란 우스니아

2 싯카 가문비나무 줄기에 붙어 자라는 감초고사리
4 큰 잎 단풍나무 줄기에 붙어 자라는 감초고사리

습이다.

활짝 트인 바닷가 절벽 위에서 거센 바람을 그대로 맞고 살아가는 가문비나무도 놀랍지만, 그런 나무에 붙어 자라는 우스니아와 감초 고사리는 더욱더 경이롭다. 연두색의 지의류 식물인 우스니아는 가문비나무 가지에 붙어 실처럼 가늘고 긴 줄기를 아래쪽으로 늘어뜨리고 자란다. 감초 고사리는 보통 나무의 줄기나 줄기와 가지 사이의 움푹한 곳에 붙어 자라는 착생식물인데, 이곳의 감초 고사리는 바람이 심한 거친 환경 속에 맞게 잎이 광택이 나고 두텁고 빳빳하게 변해 있다. 공기가 오염되지 않고 통풍이 잘 되는 오래된 숲이나 이렇게 바닷가의 트인 환경을 일부러 선택해 사는 이들의 모습은 마치 사람과 맹수를 피해 높은 산꼭대기로 피신한 산양을 닮아 있었다.

우리가 텐트를 친 곳은 바람에 억눌린 가문비나무들과 바위절벽이 어울려 절경을 만들고 있었지만 큰 바위 절벽이 바다 앞을 가로막아 석양을 볼 수 없는 점이 아쉬웠다. 특히 지난 5일 동안 매일 저녁을 먹고 지는 해를 바라보며 하루를 마감했기 때문에 아쉬움이 컸다. 대신 파도소리를 가까이 들으며 잠을 잘 수 있었다. 요란하게 들리던 파도소리가 귀에 익숙해지고 편안하게 들릴 무렵 우리는 어느새 깊은 잠에 빠져 있었다.

밴쿠버 시의 고도 기준

더글러스 퍼

누카 섬에선 볼 수 없지만, 캐나다 서해안 온대 우림을 이야기할 때 빼놓을 수 없는 나무가 있다. 더글러스 퍼이다. 더글러스 퍼는 캐나다 서해안에서 가장 인상적인 나무다. 원통형으로 곧바르게 자라는 줄기는 신전의 기둥을 연상시킨다. 우리나라 아파트 30층에 해당하는 70-80m까지 자라는 이 나무는 미국 캘리포니아 북쪽에서부터 캐나다 비씨 주 중부까지 남북으로 2천 km가 넘는 지역에 걸쳐 분포한다. 해안 온대 우림지역 중에서도 비가 비교적 덜 내리고 좀 더 건조한 지역을 선호한다.

밴쿠버 섬의 가운데는 높은 산맥이 있어 밴쿠버 섬 서해안에서 만들어진 비구름이 이 산맥을 타고 넘어가는 과정에서 찬 공기와 만나 비로 변해 산맥의 서쪽에 많은 비를 뿌린다. 그래서 밴쿠버 섬의 서해안에 있는 누카 섬에는 많은 비가 내린다. 반면 이 산맥 뒤에 있는 섬의 동쪽은 비구름이 그냥 지나치는 비 그늘rain shadow지역에 자리 잡고 있어 강수량이 적고 기후도 건조하다. 이 같은 지형적 조건 때문에 폭이 80km 정도밖에 되지 않는 밴쿠버 섬 안에서도 동쪽과 서쪽 해안 간의 기후 차가 확연하게 나타난다. 비가 많이 내리는 밴쿠버 섬 서해안에 있는 누카 섬에는 습한 환경을 선호하는 헴록, 시다, 싯카 가문비나무들이 자라지만 건조한 환경을 선호하는 더글러스 퍼는 비가 덜 내리는 밴쿠버 섬의 동쪽에 주로 분포한다.

오래된 더글러스 퍼 나무들은 나무껍질의 두께가 30cm까지 발달해 산불이 났을 때 방화벽 같은 역할을 한다. 이 때문에 크게 자란 더글러스 퍼는 산불이 나도 살아남을 수 있다. 산불 피해가 있었던 숲에 가보면 줄기 아랫부분에 시커멓게 탄 흔적이 남아있는 더글러스 퍼들을 심심치 않게 볼 수 있다. 이들은 과거에 발생한 산불로부터 살아남은 것들이다.

더글러스 퍼의 구과에는 꼬리가 3개 달린 매우 독특한 포엽이 붙어 있다. 길이가 긴 가운데 포엽의 양쪽에 짧은 포엽이 달려 마치 쥐꼬리와 쥐의 뒷다리를 연상시킨다. 실제로 아메리카 인디언들의 전설에 의하면 아주 오래전에 산불이 나서 지상에 있던 생쥐들이 뜨거운 화염을 피하려고 키가 큰 더글러스 퍼 나무 위로 기어올라갔고, 지상에서 뿜어 올라오는 열기를 피하려고 구과의 날개 속으로 머리를 처박았고, 더글러스 퍼 나무의 열매들은 위험에 처한 생쥐들을 너그러이 받아 주었기 때문에 그와 같은 모습이 되었다고 한다.

더글러스 퍼는 줄기가 매우 곧바르고 가지 없이 높게 자라며, 재질이 단단해 북미뿐만 아니라 세계적으로도 가장 선호되는 건축용재였다. 그래서 상업적으로도 가장 높은 가치를 지니는 목재이기도 하다. 우리나라에도 그동안 미송으로 불리며 고급 건축재로 수입되어, 굵은 나무가 필요한 사찰이나 궁궐의 복원공사에 많이 사용되고 있다. 건축재로 선호되었던 더글러스 퍼가 다른 나무들보다 훨씬 빨리 고갈된 것은 우연이 아니다. 그동안 주산지였던 미국의 워싱턴, 오리건 주에서는 천연림 상태의 더글러스 퍼는 거의 사라지고, 새로 자라는 가늘고 작은 나무들로 대체되었다. 캐나다 비씨

1 더글러스 퍼는 줄기가 곧고 자동차를 왜소하게 만들만큼 크게 자란다.
2 잘 보전된 더글러스 퍼 원시림 내부 모습. 포트알버니 인근 캐티드럴 그로브
3 100년 전 벌채 된 후 다시자라는 더글러스 퍼 숲. 밴쿠버 시내 퍼시픽 스피릿 공원
4 건물 옥상의 나무는 과거 이 자리에 서 있던 더글러스 퍼의 높이를 상징한다. 밴쿠버 시내 잉글리시 베이

주의 사정도 크게 다르진 않지만 조금은 나은 편이다. 공원이나 보호지역에 가면 200여 년 전 유럽의 식물학자들에 의해 처음 발견되었을 때의 인상적인 위용을 그대로 지닌 장대한 더글러스 퍼를 만날 수 있다.

북미에 자라던 이 나무를 처음 언급한 서양인은 스코틀랜드 출신 의사 겸 식물학자였던 아치발드 멘지에스(1754-1842)였다. 그러나 정작 이 나무의 이름을 붙여주고 유럽에 최초로 전파한 사람은 같은 스코틀랜드 출신 식물 수집가 겸 탐험가였던 데이비드 더글러스(1799-1834)였다. 이 나무의 인상적인 모습에 매료된 더글러스는 북아메리카에서 더글러스 퍼 씨앗을 가져와 자신의 고향인 스코틀랜드에 심었으며, 이후 영국, 프랑스, 독일까지 널리 퍼지게 되었다. 유럽 기후 환경에 잘 적응한 더글러스 퍼는 오늘날 영국에서 자라는 나무 중 가장 키가 큰 나무가 되었다.

학명에는 이 나무를 제일 먼저 언급한 공로로 멘지에스의 이름이 들어가 있지만, 유럽에 성공적으로 전파한 데이비드 더글러스의 공로는 일반명을 통해 인정되고 있다. 일반명에는 전나무를 의미하는 퍼fir가 붙어 있지만, 실제 전나무abies는 아니다. 솔송나무tsuga와 흡사하나 솔송나무도 아니기 때문에 유사類似 솔송나무란 의미의 Pseudotsuga란 속명이 붙여졌다.

더글러스 퍼는 고급 건축용재로 세계시장에서 그 이름을 날렸을 뿐만 아니라, 밴쿠버 시의 도시경관에도 한몫했다. 밴쿠버 시에서 북쪽을 보면 해안 산맥을 이루는 높은 산봉우리들이 잘 보인다. 이들 중 많은 봉우리는 일 년 중 대부분 흰 눈으로 덮여 있어 밴쿠버 시의 아름다운 스카이라인을 형성하고 도시로서 밴쿠버의 캐릭터를 결정하는데 이바지하고 있다.

지난 100여 년 동안 세계의 다른 주요 도시처럼 밴쿠버도 급격한 산업화와 도시화 과정에서 도시의 모습이 크게 바뀌었다. 그럼에도, 밴쿠버의 스카이라인은 예나 지금이나 변함없이 유지되고 있다. 스카이라인이 도시 경관과 캐릭터 형성에 차지하는 역할을 오래전부터 익히 깨닫고 있었던 밴쿠버 시에서는 스카이라인 보전을 위한 남다른 노력을 해왔다. 고층건물들을 해안가 저지대에 집중적으로 배치하고, 일반 건물에는 엄격한 고도제한 기준을 적용시켰으며, 시야가 막히지 않도록 고지대에는 고층건물을 짓지 못하게 했다. 이 때문에 시내 어느 곳에서나 북쪽의 눈 덮인 산봉우리들이 잘 보인다.

스카이라인 보호를 위한 밴쿠버 시의 노력은 현재의 경관이 밴쿠버의 과거 모습과 크게 차이 나지 않도록 하려는데 있다. 이런 노력 때문에 최소한 밴쿠버의 스카이라인은 100년 전의 그것과 크게 다르지 않다.

흥미로운 점은 밴쿠버의 스카이라인 보전을 위해 건물의 고도제한 기준으로 삼은 것은 100여 년 전 시내 중심지에 서 있던 더글러스 퍼 나무들의 높이였다. 100여 년 전에는 70-80m의 장대한 더글러스 퍼들이 서 있었고, 지금은 비슷한 높이의 고층건물이 그 자리를 대신하고 있을 뿐이어서 그때나 지금이나 밴쿠버의 스카이라인은 크게 달라진 것이 없다.

비록 스카이라인 보호를 위한 목적이었지만 밴쿠버시의 경관 보전을 위한 기준을 과거에 이곳에 자라던 더글러스 퍼 나무의 높이로 삼은 것은 도시 내 자연을 압도하는 높은 건물을 허용하지 않으려는 밴쿠버 시의 의도를 잘 보여주는 예이다.

마드로나

몇 년 전 스페인 여행 중 마드리드 시내에서 태양의 관문이라는 의미가 있는 "프에르타 델 솔"Puerta del Sol 광장에 들른 적이 있었다. 마드리드에서 가장 번화한 곳이기도 하다. 스페인의 모든 길은 이곳으로 수렴하고 이곳으로부터 방사형으로 전국각지로 뻗어나가기 때문에 스페인 교통의 허브가 되는 곳이다. 스페인 전통 건축 양식으로 지은 흰색과 붉은 파스텔 톤의 건물들이 사각형 광장을 빙 둘러 서 있었다. 건물 외벽은 화려하게 장식되었으며, 광장 곳곳엔 영웅호걸 동상들이 서 있었다. 콜럼버스의 신대륙 발견 이후 세계 각 대륙에 식민지를 두고 호령하던 스페인의 막강했던 과거의 영화를 상기시켜 주는 곳이었다.

그런데 화려한 건축물과 대조적으로 광장 북쪽 끝에서 곰이 서서 나무줄기를 타고 열매를 따 먹는 모습의 흥미로운 동상을 보았다. 이 동상은 잠깐 머물다가는 여행객의 눈에 숲이 없어 준 사막이나 다를 바 없는 마드리드 주위의 경관과는 전혀 어울리지 않는 조형물로 비쳤다.

이 동상은 도시로서 모습을 갖추기 시작한 기원전 2세기 무렵의 마드리드의 모습을 상징한다. 당시 마드리드에는 곰과 딸기나무가 많았다. 실제로 마드리드의 옛 이름도 곰의 땅이란 의미인 우르사리아Ursaria였다. 곰

1 딸기나무 열매를 따 먹는 곰 동상. 스페인 마드리드 시내 프에르타 델 솔 광장.

2 딸기나무로 불리는 유럽의 마드로뇨. 마드리드 식물원

이 많았다는 것은 곰의 먹이 식물인 딸기나무도 많았다는 것을 의미한다. 곰과 딸기나무는 마드리드 시市의 깃발과 군인들의 견장에도 그려져 있다. 깃발과 견장은 시민의 전통과 자긍심을 나타낸다. 곰과 딸기나무는 마드리드 시민의 전통과 자긍심이며 더 나아가 정체성이다.

오늘날 마드리드 시내는 물론 이고 준 사막으로 변한 교외에서도 딸기나무를 타고 오르는 곰의 모습은 볼 수 없다. 그럼에도, 2천여 년 전의 대표적인 자연경관의 모습은 사람들의 뇌리에 각인되어 동상, 깃발, 견장을 통해 오늘날까지 이어지고 있다.

딸기나무는 스페인에서 마드로뇨로 불린다. 진달래과 아뷰터스 속의 상록 활엽수이다. 가지를 뻗은 모습이나 잎의 모양이 키가 큰 철쭉과 흡사하다. 키는 5-10m 정도의 관목에 가까운 작은 나무다. 딸

기 모양의 붉은 열매를 맺어 딸기나무로 흔히 불린다. 마드로뇨는 온화하고 건조한 기후에 잘 견디는 성질 때문에, 스페인뿐만 아니라 지중해 연안에 걸쳐 골고루 분포한다.

흥미롭게도 북미에도 마드로뇨와 비슷한 나무가 자란다. 상록 활엽수인 아뷰터스다. 아뷰터스는 캐나다 서해안에서 가장 아름다운 나무로 꼽힌다. 아뷰터스는 스페인의 마드로뇨처럼 온화한 기후를 선호해 태평양 연안을 따라 멕시코에서부터 미국의 캘리포니아, 오리건, 워싱턴 주, 캐나다 비씨 주까지 넓은 지역에 걸쳐 분포한다. 비씨 주는 아뷰터스의 북방 한계지다. 비교적 건조한 지역을 선호해 누카 섬에서는 볼 수 없고, 더글러스 퍼와 같이 비 그늘이 생기는 밴쿠버 섬 동남쪽 해안 지역에 주로 분포한다.

아뷰터스는 여러 면에서 흥미로운 특징을 지니고 있다. 상록 활엽수인 아뷰터스는 침엽수 일색의 비씨 주 숲에서 시각적으로 가장 돋보이는 나무다. 수형이 아름답다. 아뷰터스는 30m까지 자랄 수는 있지만, 이곳의 침엽수들과 비하면 오히려 관목에 가까운 나무라고 할 수 있다. 하나의 줄기에서 여러 가지들이 뻗어 옆으로 넓게 퍼지는 아름다운 수관을 이룬다. 좁고 뾰족한 삼각형의 수관을 지니는 침엽수 숲에서 아뷰터스는 독보적인 존재이다.

줄기가 갈라지고 곧바르게 자라지 않아 목재 자원으로 가치는 없지만 붉은 갈색의 줄기와 아름다운 수형 때문에 조경적 가치가 높다. 줄기는 자작나무처럼 얇게 벗겨지는 특징을 지닌다. 붉은 갈색의 껍질이 벗겨지면 안쪽에 매끄러운 연둣빛 속살이 드러나 줄기의 아름다움을 더한다. 아뷰터스는 또 다른 나무들이 피하는 바위산이나 해안가의 암벽 등을 선호해 종종

1 흰 꽃이 핀 아뷰터스 (마드로나)
2 붉은 수피의 마드로나
3 눈이 내린 겨울에 아름다움이 돋보이는 마드로나

암석과 어울린 독특한 경관을 만든다. 겨울철 광택이 나는 푸른 잎과 붉은 색의 줄기가 숲 바닥에 쌓인 흰 눈과 어울리면 독특한 겨울 풍광이 만들어진다.

생태적으로 아뷰터스는 건조한 환경에 적응하기 위해 광택이 나는 잎은 가죽처럼 두껍고 뻣뻣해 수분을 오랫동안 효과적으로 보전할 수 있다. 다른 활엽수들과는 달리 아뷰터스는 한여름에 낙엽을 떨어뜨리고 하면에 들어간다. 건조한 여름 동안 수분 증발을 막기 위해서이다. 비가 많이 내리는 겨울엔 잎이 무성해지고 비에 젖은 잎들이 빛을 발하면서 아름다움을 더한다.

아뷰터스는 마드로나로도 불린다. 18세기 탐험선에 함께 탔던 식물학자들이 북미대륙 서해안에서 자국의 마드로뇨와 흡사한 신대륙의 나무를 발견하고 마드로나로 부르기 시작했다. 1790년대 이 지역을 탐험하고 이 나무를 최초로 언급한 멘지에스의 이름이 학명에 포함되어 있으나 학명은 더글러스 퍼를 유럽에 전파한 데이비드 더글러스에 의해 명명되었다.

구대륙 마드리드 시민의 정체성과 자긍심의 상징이었던 마드로뇨처럼, 마드로나는 신대륙에서도 시민에게 깊은 인상을 심어주고 있다. 밴쿠버 섬 남쪽의 빅토리아에 이 나무를 정원수로 가진 집들이 많은 것도 이 나무가 지니는 특별한 아름다움을 잘 말해준다.

카마스 초원의 야생성

게리오크

밴쿠버 섬의 동쪽 해안 지역에 자라는 나무 중에 마드로나 만큼이나 특별한 활엽수가 있다. 게리오크다. 게리오크의 별명인 '오리건 참나무'에서 알 수 있듯이 미국 오리건 주처럼 비씨 주보다 훨씬 남쪽의 따뜻하고 건조한 곳에서 주로 자란다. 비가 많이 내리고 날씨가 추운 비씨 주 서해안에는 어울리지 않는 수종이다. 그럼에도, 게리오크가 밴쿠버 섬 동남쪽 지역에서 자랄 수 있는 이유는 밴쿠버 섬의 지형적 조건 때문에 국지적으로 형성되는 독특한 기후대 때문이다. 이 독특한 기후대는 앞서 더글러스 퍼를 소개할 때 언급했던 비 그늘 현상 때문에 일어난다.

주 수도 빅토리아가 있는 밴쿠버 섬 동남쪽 지역은 비그늘 현상이 특히 심하게 발생하는 지역으로 연간 강수량은 고작 600mm에 불과하다. 반면 밴쿠버 섬 서해안 쪽에 있는 헨더슨 레이크에는 연간 6천mm 이상의 비가 내린다. 헨더슨 레이크와 빅토리아는 차로 3시간밖에 안 걸리는 거리를 두고 떨어져 있을 뿐인데 비그늘 현상이 10배의 강수량 차를 만든다.

이 지역은 또 밴쿠버 섬과 비씨 주 본토 사이에서 내해를 이루는 조지아 해협에 의한 해양성 기후의 영향으로 전반적으로 건조하고 온화하다. 연평균 기온이 여름엔 11°C에서 22°C, 겨울엔 2°C에서 8°C로 연교차가 심하지 않으며, 캐나다에서 가장 따뜻한 지중해성 기후대를 형성한다. 따뜻한 기후 환경은 먼 곳에 사는 사람들뿐만 아니라 식물들까지 불러들여 미국 오리건 주의 게리오크가 이곳까지 올라와 살 수 있게 해주고 있다.

게리오크는 윤기가 나는 잎과 작은 도토리 열매를 맺으며 비옥한 땅에서는 매우 곧고 크게 자라지만 척박한 암릉지대에서는 줄기가 심하게 구부러지고 키도 낮게 자란다. 크게 자란 게리오크는 높이가 25m가량 되며 가지를 넓게 뻗어 매우 웅장하고 아름다운 수관을 만든다. 기하학적으로 가지를 뻗고 줄기를 중심으로 대칭형으로 수관을 만드는 침엽수들과는 달리 게리오크는 비정형적으로 가지를 뻗고 잔가지를 많이 달고 있어 수관이 매우 아름답게 발달한다.

그러나 게리오크가 집단적으로 자생하던 지역은 건조하고 온화한 기후와 햇빛이 잘 들고 배수가 잘되며 주위가 노출된 낮은 언덕이나 해안가의 암석지대였다. 이런 곳은 전망이 좋은 주택을 짓기에도 이상적인 곳이었다. 게리오크 자생지역은 역사적으로 백인 정착자들의 주택건설이나 도시개발의 일차 타깃이 되어 많은 자생지가 파괴되는 수난을 겪었다. 게리오크 숲은 현재 비씨 주는 물론 캐나다 전체적으로도 가장 희귀하고 가장 작은 면적의 위태로운 산림 생태계로 남아있다.

나무와 그 밑에서 자라는 초본류 식물 간에는 궁합이 존재한다. 두 식물이 선호하는 기온과 강수량은 물론 토양, 수분, 일조량, 경사면과 같은 기후 및 생태적 특징이 서로 일치한다는 말이다. 숲 바닥에 출현하는 초본류 식물들은 해당 지역의 토양이 비옥한지 습도는 어느 정도인지를 암시한다. 또 초본류 식물들은 벌채나 개발 등으로 숲이 파괴되면서 숲을 이루고 있

1 게리오크 잎
2 전형적인 초원에서 크게 잘 자란 게이오크, 던컨 게리오크 보호지역 내
3 전형적인 게리오크 숲 안의 카마스 밭. 빅토리아

던 나무들이 사라졌을 때 장차 해당 숲에 어떤 나무들이 출현할지 예고해 주는 지표 식물indicator plant의 역할도 함께 해 준다.

카마스는 봄날 밴쿠버 섬 동남쪽 일대의 초원을 온통 짙은 푸른색으로 물들이는 초본류 식물이다. 주 수도 빅토리아가 있는 지역은 원래 "카마스를 채취하는 곳"이란 의미의 카모선Camosun으로 불렸었다. 또 자신과 유사한 기후 환경을 선호하는 게리오크의 출현을 알려주는 지표 식물로 카마스 밭 주위에는 항상 게리오크가 자라고 봄에 게리오크가 자라는 초원에 가면 예외 없이 무성하게 핀 카마스들을 볼 수 있다. 달리 말하면 카마스와 게리오크는 서로 궁합이 맞는 식물들이다.

봄날 초원은 갖가지 야생화들이 아름다움을 뽐내는 화려한 무대이다. 그러나 같은 지역이라도 게리오크가 자라는 초원에서는 좀 색다른 광경이 펼쳐진다. 다른 초원은 기화요초들이 함께 등장하는 화려하고 다양한 모습을 보이지만, 카마스 초원에는 듬성듬성 서 있는 게리오크 외엔 카마스 일색이다. 얼핏 보면 한 가지 작물로 덮인 우리나라의 유채밭이나 메밀밭과 같은 모습을 연상시킨다. 그럼에도, 카마스 초원에는 작물 재배지에서는 느낄 수 없는 야생의 아름다움이 존재한다.

제임스 쿡 사후 밴쿠버 섬을 일주하며 해도를 작성한 조지 밴쿠버 선장은 빅토리아의 카마스 초원을 보고 "유럽에서 가장 우아하게 단장된 정원처럼 매혹적으로 아름답다."라고 했다. 서부 캐나다의 경관과 정체성을 대변했던 여성화가 에밀리 카는 카마스를 두고 "하늘과 땅의 향기가 섞인 내음을 간직하며 모든 꽃 중에서 가장 우아한 아름다움을 가진 꽃"이라고 칭송하였다.

카마스 초원, 나나이모

1 시 블러시와 옐로 몽키 플라워로 덮인 초원. 나나이모
2 카마스, 시 블러시, 옐로 몽키 플라워 야생화 들판. 나나이모

핑크 빛의 시 블러시가 독차지한 들판. 나나이모

카마스는 70cm까지 자라는 나리과 식물로 봄이 한창일 무렵 짙은 푸른색의 꽃을 피운다. 1800년대 초 미국 서부를 탐험했던 루이스와 클라크는 난생처음 마주친 카마스 초원 앞에서 물이 가득 찬 호수인 줄 착각했을 정도였다. 루이스와 클라크가 직접 목격했듯이 카마스 초원은 200여 년 전부터 마치 농작물 재배지처럼 카마스 한가지로 가득 차 있었다. 이렇게 한 가지 식물이 넓은 초원을 점령하게 된 데는 매우 흥미로운 문화적 배경이 존재한다.

카마스는 이 지역 토착 인디언들에게 매우 중요한 식용 식물이었다. 봄은 인디언들에게 매우 어려운 계절이었다. 겨울을 나려고 비축해 두었던 훈제 연어가 거의 다 떨어지고 숲에서 열매나 장과류들을 채취하기엔 아직 일렀기 때문에 우리의 보릿고개처럼 봄을 나기가 쉽지 않았다. 이때 탄수화물 덩어리인 카마스의 알뿌리는 춘궁기를 견디게 하는 매우 훌륭한 식량자원이었다.

인디언들은 카마스의 알뿌리를 캐서 땅에 1m가량의 깊은 구덩이를 파고 불에 뜨겁게 달군 돌을 넣고, 그 위에 서양 앉은 부채나 고사리의 잎을 따서 깔고 그 위에 카마스 알뿌리를 얹은 다음 물을 뿌려 생기는 뜨거운 증기로 쪄서 음식으로 만들어 먹었다. 이렇게 쪄서 만든 카마스 알뿌리는 매우 달아 찐 상태로 먹기도 하고, 설탕이 등장하기 전까지 단맛을 내려고 다른 요리에 함께 섞어 사용하기도 했다.

전통적으로 인디언들은 카마스 초원에 경계를 긋고 가족이나 부족 단위로 소유권을 행사하고 식량자원 공급원으로 관리했다. 수렵 채취인이었던 아메리카 인디언들은 파종이나 이식과 같은 적극적인 농사법을 활용하

1 식용 카마스
2 독 카마스. 식용 카마스와 잎 모양이 비슷해 꽃이 피기 전에는 구분하기 힘들다.
3 카마스의 알 뿌리

지는 않았지만, 부분적 경작활동을 통해 카마스 초원을 관리했다. 이른 봄 초원에 불을 질러 다른 식물들의 침입을 적극적으로 차단하거나, 수확 도중 다른 종들을 제거하여 자연스럽게 카마스가 단일 종으로 자랄 수 있도록 환경을 개선해 주었다.

이 같은 부분 경작의 배경에는 카마스와 매우 흡사한 잎과 줄기 및 알뿌리를 갖고 있으며 같은 생태적 환경에서 자라는 데쓰 카마스 역할도 크다. 데쓰 카마스엔 이름처럼 치명적인 독이 들어 있어 이를 식용 카마스 초원으로부터 제거하는 것은 매우 중요한 일이었다. 인디언들은 꽃이 피어 서로 구분하기 쉬운 봄철에 알뿌리를 수확하면서 데쓰 카마스를 제거했다. 식용 카마스가 짙은 푸른빛의 꽃을 피우지만, 독성이 있는 데쓰 카마스는 흰 꽃을 피우기 때문에 꽃이 핀 상태에서는 쉽게 서로를 구분할 수 있다.

듬성듬성 자라는 게리오크 참나무가 만드는 작은 수풀과 카마스 일색의 짙푸른 초원은 인간의 간섭에도 초원의 야생성이 흐트러지지 않은 아름다움이 발산되는 독특한 공간이다.

04

성스러운 숲

마퀴나 포인트

해달. 약 8억 개의 체모가 달려 있어 포유동물 중 털이 가장 많다.

돌아온 해달

마퀴나 포인트

원형극장처럼 생긴 곳에서 캠핑한 다음 날 아침 우리는 소다 크랙커를 부스러뜨려 넣어 걸쭉하게 만든 닭고기 수프와 차로 아침을 때우고 짐을 챙겨 다시 걷기 시작했다. 우리가 캠핑한 곳은 가파른 해안절벽이 있어 간조 때도 물이 차있어 해변을 걸어서 통과할 수 없었다. 해안 절벽을 우회하기 위해 숲 속 길로 들어갔다가 다시 바닷가로 나왔다가 또다시 통과 불가능 해안절벽을 만나 숲으로 들어갔다.

하이킹의 매력은 주위환경과 밀착된 상태에서 그곳의 경관과 지형이 뿜어내는 분위기를 음미하는 데 있다. 그것을 가능케 해주는 것은 길이다. 숲 속의 트레일은 같은 길이긴 하지만 도시의 도로와는 차원이 다르다. 도시 내 인도나 차도는 한 곳에서 다른 곳으로 빠르게 이동하기 위한 목적으로 건설된다. 대부분 직선형이다. 직선형 도로를 만들 때 도로가 예정된 곳에 서 있는 나무나 지형지물들은 장애물이 된다. 장애물들은 모두 제거된다. 굴곡이 진 부분은 깎거나 흙으로 덮어 평평하게 만든다. 산과 강이 가로막을 땐 터널을 뚫고 다리를 놓는다. 그래서 도시의 도로는 파괴적이다. 도시의 도로는 또 우리로 하여금 주위의 경관이나 지형과 접촉하는 기회를 빼앗아 버린다.

마퀴나 포인트 바위 사이에서 자라는 야생화. 톱풀, 페인트 브러시, 초롱꽃

인간의 건축물을 왜소하게 만들 만큼 압도적인 키의 시다와 헴록들로 가득 찬 누카 섬의 숲 속 길은 지형에 따라 오름과 내림이 끊임없이 반복된다. 쓰러진 나무들이 앞을 가로막았을 때는 타고 넘거나 기어서 지나가야 한다. 이런 숲 속 길을 걸을 때 우리는 경관의 일부가 되지 않을 수 없다.

숲 속에는 길이 있지만, 바닷가를 걸을 땐 따로 정해진 길이 없다. 발길이 닫는 데로 걸어야 한다. 바닷가엔 곰, 늑대, 사슴 발자국들이 찍혀 있다. 이런 곳을 걸으면 비록 눈에 보이지 않을지라도 이들의 존재를 느끼며 이들의 삶의 공간 속에 함께 있다는 느낌이 들게 해준다.

숲 속의 큰 나무들을 피해 난 구불구불한 길을 걸어 잠시 후 우리는 마퀴나 포인트에 도착했다. 마퀴나 포인트는 해안선이 바다 쪽으로 좁고 길게 뻗은 바위 절벽이었다. 바위는 제주도 해안가의 용두암처럼 검고 파도의 연마작용이 미치지 못하는 곳에 있어 표면이 거칠고 날카로웠다. 그런 바위 위에도 야생화들이 피어 있었다. 바위의 갈라진 틈과 함몰된 부분에 쌓인 얇은 토양을 바탕으로 톱풀, 엉겅퀴, 페인트브러시들이 자라고 있었다. 이들이 피운 꽃은 바다를 배경으로 멋진 풍경을 만들고 있었다.

눈앞에 누카 만 입구의 넓은 바다가 펼쳐졌다. 누카만 입구에 있는 프렌들리 코브는 아직 보이지 않지만, 남쪽으로 보이는 해안선 끝을 돌면 그 뒤에 있을 것 같았다. 옛날 마퀴나와 그의 부족들이 외부로부터 진입하는 카누나 교역선을 감시할 때 매우 좋은 전망을 지니고 있었다. 발아래 바다는 온통 다시마로 뒤덮여 있었다. 바닷물에 몸을 던져도 촘촘히 자란 다시마 숲에 걸려 물속에 빠지지 않을 것 같았다. 다시마가 무성한 이곳은 해달이 살기에 최적의 환경일 것 같았다.

프렌들리 코브에서 멀지 않은 이곳은 마퀴나와 그의 부하들이 쿡에게 팔았던 모피를 조달하기 위해 해달을 사냥하던 곳이었으리라. 마퀴나와 그의 부족들은 또 프렌들리 코브보다 훨씬 더 넓은 바다를 내려다볼 수 있는 이곳에서 지나가는 탐험선이나 교역선을 감시했으리라. '마퀴나 포인트'란 지명은 그런 점에서 매우 적절하게 붙여진 것 같다.

쿡이 마퀴나와 교역을 통해 사들인 해달 모피를 중국에서 높은 가격을 받고 팔 수 있었던 것은 해달 모피의 뛰어난 보온성 때문이었다. 고래,

1 마퀴나 포인트 근처의 피오르드 해안선. 바로 아래 다시마 밭이 보인다.
2 물이 빠져 줄기가 쳐진 다시마 (Bull Kelp). 공모양의 머리 부분에 잎이 달려 있어 물위에 떠서 광합성을 한다.

물개, 바다사자와 같은 해양 포유류들은 두터운 피하 지방층을 발달시켜 체온을 유지한다. 태어나서 죽을 때까지 찬 바닷물 속에서 사는 해달은 비계층이 없다. 대신 전신을 덮은 체모가 보온 역할을 해 준다. 해달은 어른 엄지손톱 크기만 한 일 제곱센티미터의 공간에 15만 개 정도의 털이 나 있으며 한 마리당 약 8억 개의 털을 지녀 포유류 중 가장 많은 털을 지닌 동물이다. 해달 모피의 탁월한 보온성은 이처럼 많은 털 때문이었다.

구입가의 18배나 높이 받고 중국에 판 해달 모피 교역 이야기가 소개된 쿡의 항해 일지가 출간되자 일확천금을 노리는 많은 유럽의 교역선들이 누카 만으로 몰려들어 인디언들로부터 해달 모피를 구입해 갔다. 이 때문에 쿡이 다녀간 지 불과 50년이 채 지나지 않아 밴쿠버 섬 서해안 지역에서 해달이 거의 사리지는 지경에 이르게 되었다. 해달은 원래 멕시코 북부에서 알래스카까지, 러시아 극동에서 일본 북부까지 광범위한 해역에 걸쳐 분포하던 동물이었으나, 1911년 무렵에 전 세계적으로 불과 2천 마리도 남지 않을 정도로 개체 수가 감소하였다.

해달 개체 수 감소의 심각성을 뒤늦게 깨달은 영국, 미국, 러시아, 일본은 국제 조약을 통해 해달 포획을 자제하고 이들의 개체 수를 보호하기 시작했다. 비씨 주에서 완전히 사라졌던 해달은 1970년대 초 알래스카에서 도입한 해달을 이용한 복원 노력으로 서서히 늘기 시작해 지금은 거의 2천 마리 수준으로 늘어났다.

해달은 해안 가까운 곳의 다시마 숲에 주로 서식한다. 다시마 숲은 은신하기에도 좋고 선호하는 먹잇감인 성게가 많이 붙어 자라고 있기 때문이다. 이들이 배영하는 자세로 물 위에 누워 성게를 깨 먹는 모습은 깜찍하기 그지없다. 추운 바다에서 높은 체온과 활발한 신진대사를 유지하기 위해 해달은 매일 자신의 몸무게의 30% 정도에 해당하는 양의 먹이를 먹어야 한다. 이를 위해 선호하는 먹이인 성게를 하루에 200여 개 정도를 먹어야 한다. 해달은 도구를 사용할 줄 아는 매우 영리한 동물이다. 가늘고 긴 바늘이 붙은 성게를 깨려고 배 위에 납작한 돌을 깔고 그 위에 성게를 올려놓은 다음 뾰족한 돌로 성게를 깨서 먹는다. 더욱더 흥미로운 점은 이들이 성게를 깰 때 쓰는 납작한 돌과 뾰족한 돌은 버리지 않고 항상 양쪽 겨드랑이에 끼고 마치 신체의 일부처럼 지니고 다닌다.

하이킹 내내 드넓은 다시마 밭이 해안선을 따라 펼쳐져 있는 모습을 볼 수 있었다. 지난 40여 년간의 복원노력이 효과를 보아 해달이 늘어나면서 성게의 개체 수는 줄어들고 성게의 먹이인 다시마 숲은 늘어났기 때문이다. 이는 이곳 연안 생태계가 다시 옛날과 같은 건강한 상태로 회복되어 가고 있음을 확인시켜 주는 것이었다.

우리가 바다를 바라보며 이런저런 이야기를 나누는 동안 우리가 서 있는 바위 바로 아래 다시마 밭에서 해달 한 마리가 나타났다. 물 위에 누워 고개를 우리 쪽을 향한 채 배영으로 헤엄치고 있었다. 우리가 서 있는 바위 절벽과는 꽤 거리가 떨어져 있었음에도 우리가 이야기하는 소리에 방해받은 듯 우리를 피해 먼바다 쪽으로 헤엄쳐 나가고 있었다.

이제 트레일은 절벽으로 된 해안선을 피해 다시 숲 속으로 두어 번 더 들어갔다 나왔다. 해안절벽이 사라지면서 자갈이 덮인 해변이 계속 이어졌다. 앞에 보이는 해안선 끝에 누카 만의 남쪽 만안을 이루는 높은 산이 보이기 시작했다. 산 정상 부근까지 나무를 벌채할 때 사용한 임도가 나있고 주변의 숲은 오래전에 벌채된 흔적들이 보였다. 우리는 인간의 흔적이라곤 볼 수 없는 야생의 세계에 있다가 문명의 세계로 다시 돌아가고 있었다.

이탄 습지

마퀴나 포인트를 지나 얼마 후 우리는 그동안 거쳐 온 숲과는 전혀 다른 모습의 숲을 만났다. 지난 6일 동안 우리가 하이킹하면서 숲 속에서 본 나무들은 헴록, 시다, 싯카 가문비였는데, 지금은 우리 앞에 서 있는 나무들은 소나무 일색으로 바뀌었다. 또 그동안의 숲이 모두 하늘을 완전히 가릴 정도로 울창했었는데, 키가 작은 소나무들이 듬성듬성 서 있는 이곳은 하늘이 열려 있어 마치 아프리카의 사바나를 연상케 했다. 숲 바닥에는 노출된 토양이 보이지 않았다. 대신 온통 두터운 물이끼들이 자리를 차지하고 있었다. 이곳은 이탄 습지(Bog)였다.

이탄 습지는 물이 항상 고여 있고 물가엔 사초나 부들이 자라는 마쉬marsh와는 다른 형태의 습지다. 해안 온대 우림 내 이탄 습지는 주변지역보다 지표면이 낮아 배수가 잘 안 되는 곳에서 볼 수 있다. 비가 많이 내리는 겨울엔 물이 흐르는 고랑이 생기기도 하고 물이 고이는 웅덩이들이 생기기도 하지만 노출된 토양 없이 온통 두터운 스패그넘 물이끼들로 덮여 있다. 물이끼 위에는 이탄 습지 환경에 적응해 분재된 나무처럼 왜소한 소나무, 키 작은 옐로시다, 끈끈이주걱, 습지 크랜베리, 라브라도 티 등의 식물들이 자라고 있었다. 다른 곳보다 일찍 결실을 맺은 난쟁이 산딸나무들의 선명

1 이탄 습지. 정상적인 환경에서는 30-40 미터로 자랄 소나무들이 양분이 결핍된 이탄 습지에서는 마치 브로콜리처럼 왜소하다.

2 빨간 스패그넘 이끼 위에서 자라는 식충식물 끈끈이주걱

3 이탄 습지 환경에 잘 적응한 관목류의 라브라도 티. 잎으로 향기로운 차를 만들 수 있다.

한 빨간 색 열매들이 물이끼 위에 점점이 박혀 있었다.

숲에서는 나무나 초본류 식물들이 죽으면 박테리아나 곰팡이들에 의해 분해되어 토양으로 환원된다. 그러나 물이끼는 죽은 후에도 미생물들의 침입을 허용치 않는다. 대신 갈색의 타닌산 같은 유기산을 배출시켜 물을 산성으로 만든다. 미생물 작용이 없는 상태에서 죽은 물이끼는 분해되지 않기 때문에 숲에서와는 달리 다음 세대의 이끼에게 돌아갈 양분이 만들어지지 않는다. 따라서 이탄 습지에서는 극도로 양분이 결핍된 상태가 유지된다.

이탄 습지는 극단적 환경에서 적응한 녀석들만 살아남는 적자생존의 법칙을 보여준다. 질소가 결핍된 이탄 습지에서는 살아남기 위해 식충식물로 진화한 끈끈이 주걱들을 많이 볼 수 있다. 끈끈이주걱은 식물들이 지닌 발명가 같은 놀라운 창의성을 보여준다. 한 생명체는 다른 생명체를 먹이로 삼는다는 사실을 우리는 잘 알고 있다. 식물은 광합성을 통해 스스로 양분을 섭취하는 독립영양체로, 다른 생명체들을 좀체 포식하지 않는다. 그러나 질소가 결핍된 이탄 습지 같은 환경 속에서 끈끈이주걱들은 통상적인 먹이사슬의 관계를 반대로 발전시켜 다른 생명체를 통해 양분을 섭취한다. 인간의 경우와 마찬가지로 식물의 창의성은 안전하거나 정상적 환경보다는 오히려 위태롭고 힘든 역경 속에서 더 꽃을 피운다.

이탄 습지 밑은 물로 가득 차 있기 때문에 산소가 결핍되어 있다. 산소와 양분이 없는 곳에선 미생물이 살 수 없어 이탄 습지 아래는 천연의 무균실과 같은 상태가 만들어진다. 실제로 1950년 덴마크의 쥬트란드Jutland 반도의 이탄층에서 발견된 사람의 시체는 약 2천 년 전에 죽은 것으로 밝혀

1 이탄 습지에서 비교적 양분이 많은 둔덕은 종종 작은 천연의 화단이 만들어진다. 사슴 고사리Deer Fern, 흰꽃과 빨간 열매를 달고 있는 난장이 산딸나무, 잎이 콩팥 모양의 두루미 꽃, 붉은 줄기의 살랄, 작은 잎을 달고 있는 습지 크랜베리 등이 촘촘히 모여 있다.

2 습지 크로베리와 열매

3 습지 크랜베리와 열매

졌는데, 톨룬드맨Tollund man으로 알려진 이 미라는 얼굴에 부패된 흔적이 없는 채로 발견되었으며, 그가 쓰고 있던 모자와 차고 있던 가죽 벨트도 썩지 않고 고스란히 남아 있었다.

습지는 수생식물, 수생곤충, 물고기, 새들이 서로 의존 관계를 맺으면서 형성되는 생물공동체이다. 이 때문에 육지를 파서 물을 붓는다고 해서 금방 습지가 만들어지지 않는다. 생물 공동체의 구성원들 간에 관계가 형성되어야 비로소 습지라는 생태계가 만들어지며 그때까지는 상당한 시간이 걸린다. 우리가 습지를 인공적으로 조성하거나 파괴된 습지를 복원하려는 노력이 대부분 실패로 돌아가는 것도 이런 이유 때문이다.

우리는 산이나 들판 같은 마른 땅을 아름답게 여긴다. 호수, 강, 바다 같이 물로만 이루어진 공간도 좋아한다. 그러나 땅과 물이 합쳐진 습지는 왠지 좋아하지 않는 것 같다. 아프리카 대륙에 처음 출현한 인간의 조상이 나무에서 내려와 숲 밖으로 나왔을 때 처음 마주한 경관이 사바나였기 때문에 유전적으로 인류는 트인 공간에 적당히 나무들이 서 있는 공간을 친근하게 느끼는 반면, 물이 고인 습지는 선호하지 않는다고 주장하는 학자도 있다. 숲, 강, 호수, 바다가 사람들에게 예찬되고 휴양의 기회와 즐거움을 주는 생태계로 자리 잡는 동안 습지는 인간에게 천덕꾸러기 대접을 받아왔다.

수계면적이 넓고 수심이 깊고 강과 연결되어 있거나 물의 유입과 배출이 있는 호수와는 달리 습지는 수심이 얕으며 물이 고여 있는 경우가 대부분이다. 일부 습지는 얕은 곳에 유기물 분해 작용 때문에 악취가 진동한다. 흐르지 않는 얕은 물에 알을 까는 모기나 벌레들도 들끓는다. 습지에 가려

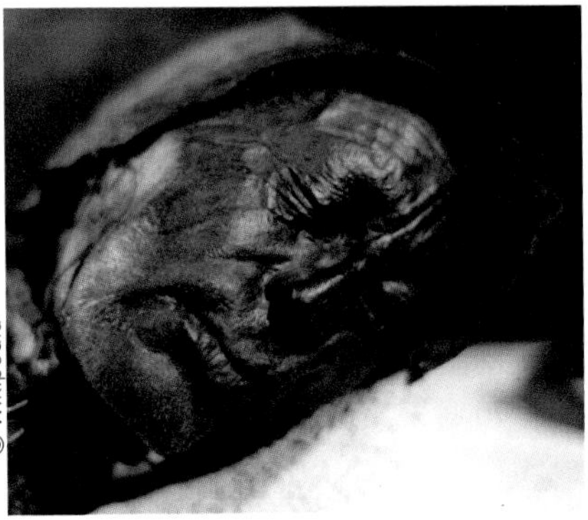
© Wikipedia

이탄 습지에서 발굴된 톨룬드맨 미라. 2천 년 전에 묻혔는데도 부패한 흔적이 없다.

면 이런 악취와 벌레에 시달릴 각오를 해야 한다. 등산하는 일도 쉽지는 않지만, 최소한 딱딱한 땅을 딛고 걸어갈 수 있다. 습지에 들어가 질퍽질퍽한 바닥을 딛고 걸어가는 것은 결코 즐거운 경험이 되지 못한다.

지난 세기는 습지의 수난시대라고 해도 과언이 아니다. 말라리아는 Mal-aria라는 말에서처럼 '나쁜 공기'를 의미했고, 옛날 사람들은 악취가 나는 습지 근처에 살면 공기가 나빠 말라리아에 걸린다고 생각했다. 그러나 100여 년 전 말라리아가 고인 물에 알을 까는 모기에 기생하는 원생동물에 의해 감염된다는 사실이 알려지면서 물이 고인 곳은 가능한 배수를 시켰고 여름이면 모기를 피해 기온이 서늘한 산이나 바다로 휴가를 떠났다.

습지는 또 불모의 땅으로 여겨 이 공간을 어떻게든 경제적으로 활용하려 했다. 유기물들이 쌓인 늪 바닥은 물을 빼면 비옥한 농지가 될 수 있었기 때문이었다. 100여 년 전 개척자들이 제일 먼저 한 일 중의 하나도 늪의 개간이었다. 큰 나무의 뿌리를 힘들게 뽑아야 하는 숲을 개간하는 것보다는 물만 빼면 농사지을 땅이 쉽게 얻어지는 습지는 매우 선호되는 개간 대상지였다. 도시 주위에 있던 습지들은 쓰레기 매립장으로 쓰거나 하수처리장으로 사용되기도 했다. 이 때문에 지난 100여 년 사이 저지대의 습지들은 개발과 개간으로 절반 이상이 사라졌다.

습지는 쉽게 볼 수 없는 현상과 희귀한 동식물들이 서식하는 등 여러 가지 생태적 가치가 있음에도 그동안 사람들로부터 외면당하거나 천대받아온 생태계다. 습지에 대해 일반인들의 선입관도 부정적이고 음울하다. 습지엔 물이 차있어 습하고, 물 위로 식물들이 무성히 웃자라 있다. 늪, 수렁, 진창, 도랑 같은 습지를 나타내는 단어에도 절망, 함정, 혼란, 추함, 기피대상과 같은 부정적 의미가 담겨 있다. 그래서 습지에 대한 예전의 선입관과 편견을 깨고 습지의 아름다움을 발견하고 감상하는 것은 생태학적으로는 물론 심미적으로도 하나의 커다란 도전이 아닐 수 없다.

습지의 아름다움을 이해하려면 습지에 대한 위와 같은 잘못된 선입관에서 벗어나야 한다. 습지는 생물학적으로 불모지가 아니다. 습지는 생물다양성과 생산성이 높은 공간이다. 단위면적당 자라는 식물의 생체량으로 따지면 습지는 밀 경작지보다 8배나 높은 생산성을 지닌다. 쌀 경작지를 습지에 포함한다면 습지는 세계 인구의 절반을 먹여 살리는 공간이기도 하다.

지구는 우주에서 유일하게 물이 존재하는 행성이다. 지구 표면의 3분의 2는 물로 덮여 있다. 지구 위의 모든 생명체는 물에 의존해 생명활동을 유지하고 있다. 습지는 이처럼 생명체들의 생존을 위해 없어서는 안 될 물의 축복을 받은 공간으로 해석할 수 있다.

습지가 지니는 커다란 아름다움 중의 하나는 습지는 숲과 마찬가지로 오랜 시간에 걸쳐 만들어지는 생태계라는 사실이다. 산, 바다, 강, 숲처럼 자연의 원형 중 하나인 습지는 인류 문명이 시작되기 훨씬 전부터 만들어지기 시작했다. 습지의 아름다움은 바로 이 긴 시간으로부터 나온다. 이탄 습지도 시간에 대해 깊은 체험을 할 수 있는 공간이다. 물속에는 산소가 결핍되어 부식이 서서히 진행되기 때문에 물이끼로 덮인 이탄 습지 표면 아래는 썩지 않은 물이끼들이 수백 년에서 수천 년 동안 쌓여 오랜 시간의 기록이 간직된 역사책이다.

인간이 만든 타임캡슐은 고작 100년 이상을 넘기지 못하지만, 습지바닥은 수천 년 전 습지 주변의 살았던 식물들에 대한 기록을 담고 있다. 이탄층에 섞여 있는 꽃가루들을 분석하면 이곳에 어떤 식물들이 살았는지 알 수 있기 때문이다. 이탄층의 역사는 홍적세나 그 이전부터 시작된다. 이 때문에 습지는 홍적세의 자연 유산을 간직하고 있으면서 방문자에게 매우 오래된 과거가 현재에 머무는 깊은 시간의 체험을 가져다준다.

우리 앞에 펼쳐진 이탄 습지는 모든 것은 결국 죽는다는 진리를 상기시켜 준다. 한때 푸르름을 간직하며 살아있던 이끼들이 죽은 다음 위에서 새로 자라는 이끼들 밑에 눌려 점점 밑으로 꺼져 가는 모습이 그 같은 진리를 깨우쳐 준다.

숲속의 달빛과 햇빛

성스러운 숲

하이킹 6일째. 이탄 습지를 지나고 트레일 일부 구간이 바다 쪽으로 뻗어 해안 길을 잠시 걷긴 했지만, 하루의 대부분을 숲 속 길을 걸으며 보냈다. 내일이면 하이킹을 마치게 되는 우리는 이번 여행의 마지막 밤을 보내게 되었다. 그동안 우리는 매일 밤 해변의 모래사장에 텐트를 쳤었다. 해변에서는 석양을 보거나, 밤에는 초롱초롱 떠있는 별들을 감상하기에 좋았기 때문이다. 그러나 오늘 오후 늦게 도착한 작은 비치는 바닥이 굵은 돌로 덮여 있었다. 텐트를 쳐도 울퉁불퉁한 돌 위에서 불편한 잠을 자야 할 것 같았다.

좀 더 나은 자리를 찾으려고 숲 안쪽으로 들어가 보았다. 우리는 숲에서 누군가 오래전에 캠핑했던 자리를 발견했다. 큰 가문비나무 아래 관목과 풀이 없는 맨땅이었다. 그 옆에는 돌로 둥그렇게 경계를 만든 모닥불 터도 보였다. 오래전에 사용된 듯 검게 타다 만 장작 위에 가문비나무에서 떨어진 낙엽과 가지들이 수북이 쌓여 있었다. 폴과 나는 해변의 굵은 돌 바닥보다는 이곳에서 밤을 지내기로 했다.

우리는 저녁을 먹고 뒷정리를 한 다음 물을 끓여 차를 만들었다. 차가 든 머그잔을 들고 숲 밖으로 나와 비치에 앉았다. 해가 수평선 너머로 떨어

밴쿠버 섬 서해안의 석양. 토피노

질 때까지 우리는 해변에 앉아 있었다. 작년 여름 함께 하이킹 한 이후 서로 보지 못했던 기간에 각자에게 일어났던 이야기도 지난 며칠 동안 할 만큼 다해버린 우리 사이엔 말이 없었다. 수평선 밑으로 가라앉는 해를 보며 하루를 마감하는 이 시간은 평화롭고 행복하기 그지없는 시간이었다. 내일이면 일주일 간의 하이킹이 끝난다는 생각 때문인지 오늘 석양은 더욱더 아름답게 지고 있었다.

해가 진 뒤 텐트 옆에 작은 모닥불을 피워놓고 그 옆에 누웠다. 가문비나무들 사이로 아직 붉게 물들어 있는 저녁 하늘이 보였다. 낮 동안 푸른 빛을 내던 가문비나무들은 어느덧 짙은 검은색으로 변해 있었다. 우리는 이번 여행의 마지막 밤을 아쉬워하며 피곤함도 잊은 채 늦은 밤까지 숲 속의 밤을 느끼고 있었다. 숲이 완전히 깊은 어둠 속에 묻혔을 때 우리는 모닥불을 끄고 잠자리에 들었다.

저녁 늦게 마신 차 때문인지 한밤중 소변을 참지 못해 잠이 깼다. 시계를 보니 새벽 2시가 넘었다. 텐트 문을 젖히고 밖으로 나와 보니 손전등을 켜지 않아도 될 정도로 텐트 주변이 훤했다. 구름 한 점 없는 맑은 하늘에 반달이 떠 있었다. 하늘에 뜬 달과 바닷물 위에 반사되고 있는 달빛이 밤바다를 환하게 밝혀 주고 있었다. 화장실을 찾아 숲 안쪽으로 들어갔다. 내리비치는 달빛을 가로막고 서 있는 가문비나무의 굵은 줄기가 만드는 그림자들이 숲 바닥에 드리워져 있었다. 그림자들 사이에는 숲 바닥까지 도달한 달빛에 반사된 살랄과 칼 고사리 잎들이 빛을 발하며 숲 안을 밝혀주고 있었다. 달빛을 받은 숲 안은 낮에 보았던 것과는 전혀 다른 세계로 변해 있었다. 갑자기 초자연의 세계에 들어와 있는 것 같은 기분이 들었다. 하늘을 올려다 보았다. 달빛으로 파랗게 물든 밤하늘을 배경으로 가문비나무들의 수관이 아름다운 실루엣을 만들고 있었다. 가문비나무 수관과 죽은 나무 사이에 달이 걸려 있었다. 달은 원시림 숲 속의 밤을 더욱더 신비스럽게 만들어 주고 있었다.

숲 속의 아침은 새소리와 함께 찾아온다. 새벽 5시밖에 안 되었는데 텐트 밖이 희뿌옇게 변하면서 까마귀와 아메리칸 로빈들이 지저귀는 소리가 요란해졌다. 더는 잠을 잘 수 없었다. 곤히 자는 폴을 남겨두고 텐트 밖으로 나왔다. 날은 아직 어두웠지만, 동쪽 하늘은 붉은색으로 엷게 물들어 있었다. 해안 산맥의 산들이 붉게 물드는 하늘을 배경으로 아름다운 스카이라인을 만들고 있었다. 산 뒤에 숨어 있던 해가 서서히 솟아 올라오고 있었다.

나는 차를 끓일 물을 길으려고 작은 길을 따라 숲 안쪽 개울가로 걸어갔다. 개울에서 피어오른 물안개가 숲 안에 자욱이 갇혀 있었다. 이제 막 도착한 아침 햇살이 가문비나무들 사이를 비집고 숲 안으로 들어왔다. 햇빛이 숲 안쪽에서 여러 갈래의 각광으로 쏟아지고 있었다. 숲 밖에서는 보이지 않던 햇빛이 손에 만져질 듯 뚜렷했다. 아침 이슬로 물기가 배어 있는 살랄, 칼 고사리, 에버그린 허클베리의 잎사귀들과 쓰러진 나무줄기를 덮은 이끼들은 쏟아지는 각광 속에서 주변보다 환하게 빛나고 있었다. 알 수 없는 성스러움과 경건함이 숲으로부터 느껴졌다. 어느새 숲 안의 분위기는 어젯밤 달빛에 빛날 때처럼 신비롭게 변해 있었다.

1980년대 초 외국여행이 자유화되기 전 우리나라는 관광목적의 여행은 외화낭비를 우려해 허가해 주지 않았다. 쉽게 여행할 수 없었던 시절이어서 사우디아라비아 근무 중 얻은 유럽여행 기회는 내게 또다시 찾아올 것 같지 않았다. 나는 가능하면 많은 곳을 보려고 욕심을 냈다. 매일 도시를 바꿔가며 여행을 했다. 시간과 비용을 아끼려 종종 밤기차를 타고 다녔다.

카르낙 신전을 추천해 준 선배가 로마는 유럽에서 최고 여행지니 가장 나중에 보라고 조언을 해주었다. 로마를 먼저 보면 나머지 도시들은 시시해서 여행하는 재미가 없어진다는 설명이었다. 서유럽에서 맨 마지막 여정으로 찾은 로마는 선배의 말대로 과연 달랐다. 시내의 일반 건물들 속에 둘러싸여 있는 콜로세움이나 로만 포럼 그리고 시 외곽에 있는 하드리안 군주의 별장터 등은 다른 곳에서 느낄 수 없었던 아름다움을 지니고 있었다. 로마의 유적들은 다른 도시의 성당과 궁전보다 훨씬 더 먼 과거로 데려가기 때문이었으리라.

로마시대의 유적과 함께 로마 여행에서 가장 인상적인 곳은 바티칸 시티 내 시스티나 성당과 베드로 대성당이었다. 교황의 공식적인 거처로 쓰이는 시스티나 성당은 미켈란젤로의 천재적 예술성을 보여주는 곳이었다. 천정화와 벽화로 가득한 성당은 웅장함과 화려함의 극치였다. 벽화들은 성경 속의 이야기들을 그림으로 표현한 것들이었다.

이후 성당에서 결혼식을 올렸지만 나는 그때까지 친구의 결혼식 때문에 명동성당에 가본 일 외엔 가톨릭과 관련한 경험이 전무했다. 또 가이드 없이 혼자 여행하고 있었던 나는 내 앞 벽화들의 의미와 가치를 미처 깨닫지 못한 채 관람하고 있었다. 그저 관람객들이 가장 많이 몰려 있는 곳으로 발길과 눈길을 옮기다 보니 신이 아담을 창조하는 천정 벽화와 최후의 만

1 시스티나 성당 천정 벽화 2 베드로 대성당 돔 천정 3 시스티나 성당의 대표적 천정 벽화. 아담의 탄생.
4 베드로 대성당 내부

찬을 그린 벽화는 놓치지 않고 볼 수 있었다. 종교 여부를 떠나 나의 세속적인 눈에도 성당 내부는 성스러움이 가득 배어 있는 공간으로 비춰졌다.

시스티나 성당을 관람하고 베드로 대성당 안으로 들어갔다. 축구경기장 몇 개가 들어갈 수 있을 만큼 넓은 공간이 나타났다. 웅장한 규모의 사각기둥들이 대칭적으로 양쪽으로 늘어서 있고 기둥 벽에는 화려한 문양의 벽화와 대리석 성물들이 장식되어 있었다. 성당의 웅대한 규모 때문에 그 안에서 사람들은 개미처럼 작게 보였다. 난생처음으로 보는 높고 넓은 실내공간의 위용에 넋을 잃을 정도였다. 성당은 대형 십자가 상을 본떠 만들어져 실내는 입구에서 중앙제단으로 이어지는 긴 통로가 있었고, 또 다른 통로가 횡으로 가로지르고 있었다. 두 통로가 교차하는 지점인 성당의 중앙에는 거대한 돔이 높이 솟아 있었다. 이 지점은 다른 곳보다 밝았다.

그곳에 서서 고개를 뒤로 젖히고 위를 올려다보았다. 까마득히 높은 곳에 달린 돔 천장까지는 바닥에서 100m도 더 될 듯했다. 돔의 아랫부분에는 유리 창문이 뺑 둘러 나있었다. 이 창문을 통해 햇빛이 성당 안으로 들어오고 있었다. 성당 안으로 들어온 햇빛은 마치 무대를 비추는 각광처럼 몇 개의 빛줄기로 나뉘어 길게 내리비치고 있었다. 100m가 넘는 돔으로부터 출발한 빛줄기는 마치 천국에서 내려오는 성스런 빛과도 같았다. 성스런 빛이 시작되는 돔의 천정은 마치 천국처럼 느껴졌다. 우연히 이 빛 속에 서 있게 된 나는 뭔지 모를 성스러움에 압도되어 경건한 마음가짐으로 그 자리에 한동안 서 있었다.

나는 지금 누카 섬의 싯카 가문비 숲 안으로 비집고 들어온 빛줄기 속에 서 있으면서 20년 전 베드로 대성당에서의 기억이 떠올랐다. 문득 이 숲

숲속의 성스러운 빛

이 바티칸의 베드로 대성당과 크게 다르지 않다고 느껴졌다. 다른 점은 빛줄기가 돔 천장에 붙은 유리창을 통해서가 아니라 가문비나무 수관들 사이에 벌어진 틈을 비집고 들어오는 점뿐이었다. 또 빛줄기가 성당의 차가운 대리석 바닥에 닿는 대신 숲 바닥에서 자라는 살랄, 허클베리, 칼 고사리들 위로 쏟아지며 생명의 기운을 불어넣는 점이었다. 이 숲은 베드로 대성당이었다. 아니 베드로 성당보다 훨씬 더 영적인 공간이었다. 매일 아침 이런 분위기가 만들어지는 이 숲은 정녕 성스러운 공간이 아닐 수 없다.

하이킹 종착점

유쿠앗

드디어 하이킹의 종착점인 프렌들리 코브 해안 북쪽 끝에 도착했다. 멀리 프렌들리 코브의 랜드마크인 등대와 교회건물이 보였다. 그러나 프렌들리 코브는 우리의 도착을 호락호락하게 허용하지 않으려는 듯 우리 앞에는 마지막 난관이 기다리고 있었다. 그동안 해안에서 숲으로 또는 숲에서 해안으로 들어가거나 나가려 할 때 해안선을 이루는 가파른 절벽을 통과하기 위해 암벽 등반하듯 설치된 밧줄을 타고 오르거나 내려가야 했던 곳이 네 군데나 있었다. 등산화를 벗고 바지를 걷어 올리고 건넌 개울도 두 군데나 있었다. 그러나 이 난관은 그동안 우리가 거쳤던 모든 난관보다 더 어려워 보였다. 우리의 앞길을 가로막고 버티는 마지막 난관은 라군을 건너는 일이었다.

우리 앞에 가로 놓여 있는 라군은 파도에 실려 온 모래들이 해변에 쌓여 새로운 해안선을 만들면서 옛날엔 바다였던 부분이 내륙으로 갇혀 석호로 변하기 전 마지막으로 남은 바다와 연결된 부분이다. 이 구간은 폭이 불과 10m 정도밖에 되지 않지만, 썰물 때를 맞추어 도착하더라도 허벅지까지 물이 차 옷을 벗고 건너야 한다. 폴과 내가 도착했을 때는 밀물 때라 물이 허리높이까지 차 있었다. 이 구간을 건너는 방법은 여러 가지가 있었

옷을 모두 벗고 건넌 프렌들리 코브 위쪽의 라군

지만 우리는 가장 빠르고 쉬운 방법을 택했다. 신발과 옷을 모두 벗고 등산화는 배낭 위에 묶어 고정하고 벌거벗은 몸으로 배낭을 메고 건너는 것이었다.

사람이 없는 야생지에서 벗은 몸과 옷을 걸친 것 간의 차이는 아무것도 없었다. 폴의 얼굴에는 수염이 잔뜩 나 있어 야생의 숲과 바다와 매우 잘 어울렸다. 피부색이 흰 것을 제외하면 그는 영락없는 크로마뇽인이었다. 벌거벗은 그의 모습을 보고 한마디 던졌다.

"폴, 너 지금 배낭만 빼면 원시인이야!"

폴은 원시인 흉내를 냈다.

"오~ 우~ 후~ @#%^*$!"

그러나 그의 등에 얹혀 있는 배낭은 그의 벌거벗은 몸과는 물론 주변의 경관과 전혀 어울리지 않았다. 아이러니하게도 크로마뇽인 등에 얹혀 있는 배낭은 인류역사가 발달시킨 과학과 문명의 집합체였다. 비바람을 피할 수 있는 텐트, 침낭과 비옷, 금속제 등산용 칼과 톱, 불을 피울 수 있는 버너, 구급약, 지도, 침낭, 밑에 까는 에어 매트, 헤드램프, 나침반, 정수기, 탈수시킨 파스타 및 스파게티 소스, 가스총 등 첨단 소재와 과학을 이용해 초경량으로 만들어진 각종 문명의 이기들이 모두 배낭 안에 담겨 있었다. 마치 인류가 인터넷이나 핸드폰으로 상징되는 첨단 과학 기술 문명을 발전시켰지만, 여전히 자연이라는 거대한 암반 위를 벗어나지 못하는 것과 같은 모습이었다.

과학기술에 의한 문명의 이기들 때문에 오히려 인간이 자연으로부터 점점 더 격리되어 온 것처럼 배낭 속의 장비와 이들을 사용할 수 있는 능력 덕분에 우리는 지난 7일 동안 야생 환경에서 탈 없이 버틸 수 있었지만, 또 그것 때문에 우리는 야생자연으로부터 효과적으로 격리된 채 지냈는지도 모른다는 생각이 들었다.

그 같은 생각이 스쳐 지나가자 내 앞에 벌거벗은 채 큰 배낭을 메고 서 있는 폴의 모습이 다시 눈에 들어오면서 웃음이 절로 터져 나왔다. 간신히 웃음을 참고 그의 얼굴을 바라보니 자기와 똑같이 벌거벗고 배낭을 멘 나를 보는 폴 또한 입을 굳게 다물고 웃음을 참고 있었다. 배낭을 멘 두 크로마뇽인은 물이 허리까지 차는 라군을 건너 프렌들리 코브에 도착했다.

프렌들리 코브는 탐험선이나 모피교역선 등 외부인들을 호의적으로 대했던 인디언들 때문에 모피교역자들 사이에 널리 사용되어온 지명이다. 그러나 인디언들이 사용하던 지명은 '유쿠앗'으로 '사방에서 바람이 부는 곳'이란 의미를 지닌다. 수년 전부터 점점 잊혀가는 자신들의 언어를 되살리기 위한 노력의 하나로 많은 지명이 원래의 이름으로 바뀌고 있다. 이런 추세 때문에 프렌들리 코브도 유쿠앗으로 점점 더 많이 불리고 있다.

우리는 유쿠앗 마을 안으로 들어가기 전 마을 북쪽의 주잇 호수에서 일주일 동안 땀에 찌든 몸부터 씻고 가기로 했다. 주잇 호수의 이름은 마퀴나의 노예 존 주잇으로부터 연유한다. 주잇 호수는 과거 바다와 연결되어 있던 강의 하구가 파도의 힘에 밀려온 모래와 자갈이 바다로 유입되는 물길을 막아 생긴 석호였다.

그의 일기에도 기록되어 있듯이 유쿠앗에 억류되어 있는 동안 주잇은 이 호수에서 마퀴나 추장과 그 가족들의 빨래를 했다. 또 신앙심이 깊었던 주잇은 일이 없는 날이면 사람들을 피해 마을에서 떨어진 이곳에 와서 성경을 읽고 기도를 올리며 현재의 속박에서 구출될 수 있도록 간절히 빌었다. 호수를 가로질러 가까운 곳에 솟아 있는 산을 바라보았다. 시다와 헴록으로 덮인 산의 모습은 주잇이 자신의 구출을 염원하는 기도를 올리던 200년 전의 모습과 조금도 다를 바 없을 것 같다. 또 호숫가에 서 있는 나무들은 그가 이곳에 와서 빨래하던 모습을 기억하고 있을 것 같았다.

주잇 호수는 누카인들이 전쟁이나 고래잡이와 같은 목숨이 걸린 위험한 원정을 떠나기 전 금욕과 금식을 하면서 심신을 정화하기 위해 목욕재계하던 곳이다. 아직 그 같은 전통은 이어지고 있었다. 폴과 함께 호숫가에서 수영복으로 갈아입으려 할 때 중년의 남자 인디언이 나타났다. 우리를 발견하고 자신의 행동이 방해받은 듯 발길을 멈추고 머뭇거렸었다. 폴과 나는 그에게 다가가 우리들의 존재가 방해되는지를 물었다. 그는 자신만의 의식을 치르려고 왔다고 고백하면서 우리의 존재가 부담스럽긴 하지만 괜찮다고 하면서 우리의 입욕을 허용했다.

호숫가는 수초로 덮인 완충지대도 없이 곧장 숲으로 연결되어 있었다. 물은 맑고 깨끗했다. 낮 동안 햇빛에 적당히 달구어진 호숫물은 너무 차갑지도, 따뜻하지도 않은 목욕을 하기에 알맞은 온도로 변해 있었다. 무거운 배낭을 메고 7일간 하이킹으로 땀에 찌든 몸을 호숫물에 담그자 청량감이 온몸으로 퍼지면서 새로운 활력이 솟아났다. 물 위에 드러누운 채 하늘을 올려다보았다. 구름 한 점 없는 눈부시게 파란 하늘이 키 큰 헴록과 시다나무 위에 떠 있었다. 여전히 호수 물속에 몸을 담그고 주문을 외는 인디언의 모습은 주잇을 기억하고 있을 것 같은 호숫가의 산과 나무들과 어울려 나를 주잇이 빨래하던 200년 전으로 되돌아가 있게 만들었다.

1805년 유쿠앗에서 마퀴나와 1차 작별을 나누고 주잇을 태운 리디아 호는 북쪽의 퀸샬럿 섬의 하이다 인디언들과 교역을 마치고 마퀴나와 한 약속대로 그해 11월 누카만으로 돌아왔다. 세 발의 예포를 쏘자 몇 시간 만에 마퀴나를 태운 카누가 나타났다. 마퀴나는 유쿠앗 마을 앞 해안에서 내리고 그의 부하 3명을 카누에 태워 보내 주잇이 리디아 호에 타고 있는지를 확인시켰다.

부하들이 주잇이 타고 있으면 카누로 마퀴나가 기다리는 해안까지 데려가겠다고 했다. 마퀴나에 대한 경계를 완전히 풀지 않고 있던 주잇은 그들이 리디아 호에 승선해서 기다리는 동안 혼자 가서 마퀴나를 만나겠다고 제의하고 그들의 동의를 얻었다. 마퀴나의 부하 3명이 리디아 호에서 기다리는 동안 주잇은 혼자 카누를 저어 해변에서 기다리고 있는 마퀴나를 만났다. 마퀴나는 혼자 오는 주잇에게서 자신에 대한 존 주잇의 신뢰가 무너졌다는 것을 느꼈다.

마퀴나는 주잇에게 섭섭함을 토로했다.

"존, 네가 세 사람과 같이 오더라도 나는 너를 해치지 않았을 텐데 왜 내 부하들을 놔두고 혼자 왔느냐!"

그는 또 다음과 같이 말하면서 주잇에 대한 미련도 감추지 않았다.

"존, 비록 네가 다른 배를 타고 다시 탈출을 시도하지 않을 만큼 잘 보살펴 줄 자신은 없지만, 내게 다시 돌아오면 잘 보살펴 줄 텐데!"

주잇이 타고 온 카누에 올라탄 마퀴나는 리디아 호에 올라가 그가 가져온 모피 선물을 주잇에게 주었다. 주잇과 마퀴나는 다시 작별을 나누었다. 이번에는 기약이 없는 작별이었다.

"존, 많은 물건을 싣고 다시 돌아와, 나도 최고의 교역을 위해 양질의 모피들을 많이 준비해 놓을게."

"존, 네가 떠나고 나서 네 아들이 태어났어, 아이가 5살이 되면 엄마로부터 데려와 내가 대신 키워줄게. 꼭 다시 돌아와."

그러나 두 사람의 애증 어린 인연은 더는 이어지지 않고 거기서 끝을 맺었다.

주잇 호수에서 목욕을 마치고 도착한 마을 한쪽에는 교회건물이 서 있었다. 십자가가 달린 높고 뾰족한 첨탑 지붕의 교회 건물 뒤로 붉은색 지붕과 흰색 벽의 등대와 부속 건물들이 마을 앞 작은 바위섬 위에 서 있었다. 주위의 야생적 경관에는 어울리지 않지만 이제 이 두 건물은 부인할 수 없는 유쿠앗의 랜드 마크가 되어 있었다.

박물관으로 변한 교회 건물 안에는 100여 년 전 유쿠앗의 모습을 찍은 빛바랜 사진과 기념물들이 전시되어 있었다. 기념물 중에는 스페인 정부가 자국 탐험선의 첫 방문 200주년을 기념해 제작한 동판이 있었고, 유쿠앗 인디언과 스페인 탐험대 간의 역사적인 만남을 표현한 스테인드글라스도 함께 전시되어 있었다. 그 옆에는 유럽인으로 첫발을 내디딘 쿡 선장의 방문이 언급된 다른 동판도 함께 전시되어 있어 눈길을 끌었다.

교회 더 안쪽 예배당엔 긴 의자들이 그대로 남아 있어 과거 교회였음을 상기시켜 줄 뿐 정면의 제단에는 토템 기둥 2기가 세워져 있었고, 제단과 맞은편의 출입구 안쪽에도 화려한 색으로 단장한 토템 기둥이 서 있었고 문 위에는 인디언 설화에 나오는 전설적인 새인 뇌신조Thunder Bird 조각이 붙어 있었다. 이 교회 건물은 지난 200여 년 역사의 압축판과도 같았다. 유럽 탐험대의 방문, 백인 선교사들에 의한 선교활동, 인디언 전통문화의 부활 등 굵직한 역사적 사건들을 이 건물 하나가 대변해주고 있었다.

유쿠앗 마을 가운데는 넓은 공터가 있었다. 마퀴나 추장의 집을 포함해 여러 인디언 집들이 서 있었을 자리임이 틀림없었다. 오늘날 마퀴나, 주잇, 쿡이 남긴 흔적이라곤 어디에도 남아 있지 않았다. 쿡의 탐험선의 기록화가였던 존 웨버가 그린 그림 속에는 10여 채의 전통가옥이 늘어서 있는 모습이 보이지만 이제 단 두 채의 현대식 건물만이 덩그러니 남아 있을 뿐이었다.

그러나 마을 앞 포구 일부엔 선착장 시설이 들어섰고 모터보트들이 정박해 있을 뿐 웨버의 그림 속의 해변과 크게 다르지 않았다. 물이 빠진 해변은 경사가 급하게 나있고 작은 자갈들로 덮여 있었다. 웨버가 그린 유쿠앗 마을 그림에는 바로 이 자갈밭 해변에 여러 채의 카누가 널브러져 있고, 잡은 물고기를 말리는 덕장과 그 위 언덕에는 여러 채의 전통가옥이 서 있었다.

카누와 집들만 없다 뿐 웨버의 그림 속에 나타난 유쿠앗 해변의 모습은 그때와 크게 다르지 않았다. 마을 앞 선착장에서 수상 비행기를 기다리며 마을 앞 해변을 바라보았다. 1778년 4월 유쿠앗 해변에 도착한 쿡과 마퀴나 추장과의 역사적 만남과 마퀴나 추장 뒤에서 쿡의 일행을 환영하는 인디언들의 춤 추는 모습이 눈앞에 어른거린다. 몸을 돌려 바다 쪽을 바라보았다. 만 가운데쯤 정박했던 리디아 호를 상상해 보았다. 주잇이 극적인 탈출에 성공하고 나서 마퀴나와의 눈물 어린 1차 작별 장면과 4개월 후 애증의 재회장면, 기약 없는 재작별 장면들이 차례로 떠올랐다.

마퀴나와 그가 살던 집은 사라졌지만, 우리가 도착한 날 마을 가운데 공터에는 100명도 넘는 마퀴나의 후손들이 모여 있었다. 여러 곳에 뿔뿔이 흩어져 살던 이들은 매년 여름 남녀노소 할 것 없이 자신들의 조상이 살았던 바로 이 자리로 돌아와 자신들의 정체성을 확인하고 있었다. 수상 비행기를 탔다. 비행기가 골드 리버로 향하려고 이륙 직후 바다로 나갔다가 기수를 꺾어 내륙 쪽으로 향하면서 유쿠앗 마을 위로 지나갔다. 내려다보니 남자들은 북을 치고, 여자들은 춤을 추면서 자신들의 전통을 이어가고 있었다. 유쿠앗에 서려 있는 마퀴나의 혼이 되살아나고 있었다.

탐욕의 강

무차트랏

수상 비행기가 유쿠앗 위를 지나면서 하늘에서 내려다본 누카 만의 모습은 하이킹하면서 지상에서 느낀 것과 마찬가지로 아름다웠다. 200여 년 전 유쿠앗과 인연을 맺었던 마퀴나, 쿡, 주잇 세 사람의 삶들이 다시 뇌리에 떠올랐다. 유쿠앗 이후 세 사람은 모두 순탄치 못한 삶을 살았다.

쿡은 누카에서 배를 수리하고 나서 예정대로 북서 항로를 찾고자 알래스카로 올라갔다. 그의 항해의 주목적은 북미 대륙 위에 대서양과 태평양을 연결하는 항로가 있을 것이라는 당시 과학자들 주장의 진위를 확인하기 위해서였다. 그러나 배 수리 등으로 베링 해를 거쳐 때늦게 북극해로 들어섰다가 급속히 번지는 결빙 때문에 되돌아 나와야만 했다.

쿡은 하와이에서 겨울을 지낸 다음 다음 해 여름 북서항로 탐험을 재개하기로 했다. 1년 전 겨울 머물렀던 곳으로 다시 돌아온 쿡 일행을 하와이 원주민들은 대대적으로 환영하였다. 1778년 11월 26일 하와이제도에서 두 번째로 큰 섬인 마우이에 도착했을 때는 하와이의 왕인 칼라니오푸가 직접 배에 올라 쿡 일행을 맞았다. 가는 곳마다 많은 사람이 쿡의 일행을 환영했고 선물을 가져왔다. 바람을 피해 겨울 동안 안전하게 지낼 곳을 찾던 중 하와이 섬 남서쪽의 킬라케쿠아 만에 정박하였다. 1779년 1월의 일

제임스 쿡의 죽음. 하와이 섬 킬라케쿠아 만. 존 웨버 작 (RBCM 자료)

이었다. 이때는 1천5백 대의 카누에 9천 명이 넘는 원주민들이 많은 선물과 음식을 싣고 나와 쿡 일행을 환영했다. 원주민들에 의해 신격화된 쿡을 주민들은 살아있는 신으로 모셨다.

쿡 일행은 1779년 2월 4일 캄차카 반도를 향해 출발했다. 그때는 원주민들이 200명 가까운 쿡의 일행을 2개월 넘게 귀한 손님으로 극진히 모시는데 지쳐 있었을 무렵이었다. 그러나 북서항로 탐험을 재개하려고 떠난 지 불과 4일 만에 탐험선 중 한 대로부터 돛대가 부러지는 사고가 발생해 하와이로 되돌아왔다. 2개월 동안 자신들의 진을 뺐던 손님을 떠나보낸 후련함이 채 가시기도 전에 다시 돌아온 것이다. 원주민들이 쿡 일행을 대하는 태도가 냉랭해진 것은 말할 필요도 없고, 더는 쿡 일행을 존경하지 않았으며 심지어 노골적으로 조롱하는 일까지 발생했다. 작은 도난 사건도 빈번하게 발생했다.

모선에 싣고 다니는 작은 배가 도난당했다는 보고를 받은 쿡은 예의 전략을 쓰려고 칼라니오푸의 집을 직접 방문해 정중하게 그를 탐험선으로 초대했다. 이전의 항해에서 비슷한 사건을 자주 접했던 쿡은 추장을 함상에 인질로 붙잡아 두면 훔친 물건은 곧 되돌아온다는 것을 경험을 통해 잘 알고 있었다. 칼라니오푸 자신은 쿡의 초대에 순순히 응했지만 쿡의 의도를 파악한 일부 주민들이 몰려나와 자신의 왕을 붙잡고 놓아주지 않았다. 천명이 넘는 사람들이 몰려나와 쿡이 부하들과 함께 타고 온 작은 배에 올라타려는 왕을 가로막고 주저앉혔다.

이때 젊은 추장 하나가 쿡의 부하가 쏜 소총에 맞아 쓰러졌다. 그는 도난 사건 이후 쿡의 출항금지 명령을 무시하고 카누를 타려다 총에 맞은 것이다. 격분한 원주민들은 배에서 쿡을 기다리고 있던 병사들에게 돌을 던지기 시작했다. 쿡을 호위하던 병사들은 계속해서 소총을 발사했고 급기야 무기를 들고 나온 원주민들과 전면전으로 치닫는 걷잡을 수 없는 상황으로 발전하였다. 사태의 심각성을 깨달은 쿡은 왕의 연행을 포기하고 배에 타고자 병사들에게 손짓 신호를 보내려고 등을 돌린 순간 한 원주민 사제가 휘두른 곤봉에 맞아 쓰러졌다. 물가에 쓰러진 쿡은 원주민들이 내리 찌른 칼에 수차례에 걸쳐 등과 목을 맞아 그 자리에서 숨을 거두고 만다. 1779년 2월 14일이었고 쿡은 51세였다. 며칠 후 원주민들로부터 수습한 쿡의 시체는 팔과 다리, 두개골이 모두 여러 토막으로 분해된 채였다.

역사적으로 많은 영웅이 그랬듯이 쿡도 하와이 원주민들에 의해 신격화되었다가 다시 나타난 신에게 실망한 원주민들에게 죽임을 당했다. 원주민들은 쿡이 더는 자신들이 받들었던 영생불멸의 신이 아니라는 것을 그의 죽음을 통해 입증하려 했던 것이다.

쿡의 죽음은 그가 죽은 지 거의 1년이 지나고 그리고 두 탐험선이 귀환하기 9개월 전 1780년 1월에야 비로소 영국에 알려졌다. 러시아 극동에서 육로를 통해 전달된 비보를 들은 영국 왕 조지 3세는 위대한 탐험가 선장을 잃은 깊은 슬픔에 눈물을 흘렸다고 한다.

마퀴나의 속박에서 극적으로 탈출한 주잇은 자신을 구출해 준 리디아호와 함께 최종 교역 목적지인 마카오까지 갔다가 1807년 여름 모항인 미국 보스턴으로 귀환했다. 1802년 9월 영국을 떠난 지 5년 만이었다. 미국은 주잇에게 낯선 이국땅이었지만 자신이 간절히 바라던 기독교인들의 문명사회였다. 1809년 그는 영국출신 처녀와 결혼하고 아들 셋, 딸 둘을 낳고 새로운 삶을 살기 시작했다.

주잇은 보스턴 도착 직후 유쿠앗 억류 중 틈틈이 기록했던 일기를 누구나 읽을 수 있도록 책으로 출판했다. 그의 일기가 관심을 불러일으키자, 1815년에는 주잇이 구술하고 전문작가가 다시 쓴 그의 억류 수기가 출판되었다. 책에 대한 반응은 매우 긍정적이어서 주잇은 이후 책 선전을 위해 집을 떠나 여러 도시를 여행하는 삶을 산다.

출판이 성공을 거두었음에도 주잇은 그에 만족하지 않고 1817년 봄 한 극작가의 도움을 받아 누카에서의 억류 생활을 극화시킨 드라마를 필라델피아 극장 무대에 올렸다. 평소 연극에 관심이 많았고 노래를 잘 불렀던 주잇은 이 연극에서 스스로 주인공 역을 맡아 누카 억류 중 자신의 삶을 무대에서 재현시켰다. 연극도 호평을 받았다.

자신의 책 선전과 판매, 공연을 위해 집을 떠나 객지 생활을 많이 했지만, 그는 번 돈을 부인에게 송금하고 항상 가족들의 안부를 걱정하는 착한 남자였다. 그는 부인에게 쓴 편지에서 마퀴나 부족의 보스턴 호 습격 당시 입은 상처의 후유증으로 생긴 이마의 통증을 종종 호소하기도 했다. 그는 정확한 사인이 밝혀지지 않은 채 1821년 1월 7일 하트포드에서 37세를 일기로 젊은 나이에 사망했다.

주잇의 탈출 사건 이후 마퀴나가 어떤 삶을 살았는지는 교역선들의 항해 일지에 단 두 차례 언급된 것 이외엔 자세히 알려진 것이 없다.

주잇이 필라델피아의 무대에서 자신의 노예 생활을 한창 재현하고 있을 무렵, 누카 만에는 프랑스 교역선 한 대가 들어왔다. 그 무렵 이미 교역선들 사이에 관례가 된 현지 추장에 대한 예포를 터뜨리자 한 노인이 다리를 절뚝거리며 걸어 나왔다. 60대 노인으로 변한 마퀴나였다. 그는 관절염을 앓고 있어 다리를 절었지만, 교역선과의 물물교환에 대해서만큼은 여전히 지대한 관심을 표명하였다. 그로부터 8년 뒤인 1825년 영국의 교역회사 허드슨스베이 회사 소속 교역선의 항해 일지에 표현된 '늙은 노인'이 마퀴나에 대한 서양인의 기록으로 마지막이었다.

마퀴나가 어떻게 죽었는지에 대해 공식적으로 알려진 것은 없다. 그러나 마퀴나 부족의 구전口傳역사에 따르면 마퀴나는 쿡만큼이나 비극적인 종말을 맞았다. 나이가 들어서도 끊임없이 새로운 일을 꾸미던 마퀴나는 인근에 있는 무차트랏 부족의 추장이던 그의 숙부와 마을 사람들을 죽이

1 산업적 벌채가 휩쓸고 지나간 자리. 과거 임도였던 부분에는 선구 수종인 오리나무들이 긴 띠를 만들며 웃자라난 모습이 뚜렷하다.
2 과거 산업적 벌채가 이루어진 자리에 서서히 숲이 돌아오고 있는 모습
3 수상비행기 계류장으로 변한 무차트랏 강

고 숙부 소유의 연어 산란 하천을 빼앗으려는 계획을 세운다. 이 계획은 유쿠앗에 살고 있던 무차트랏 출신 여성의 귀에 들어가 숙부에게 전달되었다. 거사를 치르려는 마퀴나는 카누부대들을 이끌고 한밤중 무차트랏 마을로 접근했을 때, 강가 숲 속에 매복 중이던 숙부와 그 전사들의 기습 공격을 받고 체포된다. 붙잡힌 마퀴나는 숙부의 손에 의해 물속에 고개를 처박혀 죽임을 당했다.

폴과 나를 태우고 유쿠앗을 출발한 수상 비행기는 북쪽을 향해 날다가 누카 만 안쪽에서 기수를 동쪽으로 돌려 좁고 길게 내륙 쪽으로 뻗은 무차트랏 협만 위를 날았다. 협만 양쪽에는 천 미터가 넘는 산들이 가파른 경사를 이루며 솟아 있었다. 비행기가 주위의 산들보다 낮게 날고 있을 땐 창을 통해 산의 높은 언덕에서 자라는 숲들이 매우 가깝게 다가왔다. 숲에는 오래전에 벌채한 다음 새로 심은 어린 시다와 헴록들이 자라고 있었다. 벌채 당시 임도였던 부분에는 옅은 푸른색의 오리나무들이 웃자라 마치 논둑길처럼 주변의 짙은 푸른색의 침엽수 조림지대와 확연한 대조를 보이면서 등고선을 따라 길게 뻗어 있었다.

협만 위를 10여 분쯤 난 비행기는 협만 제일 안쪽의 무차트랏 강을 따라 조금 올라갔다가 180도 회전해서 날아왔던 협만 쪽으로 다시 향한 다음 강 하구에 착륙을 시도했다. 바람이 세게 불면서 기체가 흔들리며 물 위에 내려앉았다.

19세기 초 연어자원을 탐내 하던 마퀴나가 숙부로부터 빼앗으려 했던 강 위에 내린 것이다. 이 강은 19세기 말 금이 발견되면서 한때 일확천금을 기대하는 많은 사람을 이곳 오지까지 끌어들이기도 했다. 강의 이름이 골드 리버로 바뀐 것도 그 무렵이다.

강어귀 한쪽엔 거대한 콘크리트 건물과 높은 굴뚝이 뼈대만 남은 채 흉물처럼 서 있었다. 주변의 풍부한 목재 자원을 근거로 1960년대 세웠다가 1990년대 말 철수하고 나서 방치된 펄프 공장 건물이었다. 비록 숲이 벌채되긴 했지만, 산과 바다밖에 보이지 않는 자연경관 속에 인간이 남긴 전혀 어울리지 않는 흔적이었다.

1960년대 펄프 공장이 세워지자 공장에서 일할 사람들을 위해 인구 1,000명의 도시가 급조되었었다. 도시 이름은 인근을 흐르는 강의 이름을 따 골드 리버가 되었다. 골드 리버는 펄프 공장 철수와 함께 인구의 절반 이상이 떠나면서 지금은 텅 빈 유령의 도시처럼 변했다.

비행기에서 내린 다음 강 언덕에서 골드 리버로 이름이 바뀐 무차트랏 강을 내려다보았다. 강물은 무차트랏 협만 안쪽의 바닷물과 합류되어 하구를 만들고 있었다. 먼바다에서 일찍 도착해 있던 연어 한 마리가 물 밖으로 튀어 올랐다. 마퀴나는 가고 없지만, 그가 생전에 탐냈던 연어들은 200년 전과 다름 없이 무심히 강을 따라 올라가고 있었다. 골드 리버는 더는 금이 나지 않는 이름뿐인 골드 리버가 되어 버린 지 오래다.

강 너머의 산들을 보았다. 녹색의 황금을 쫓던 기업이 펄프공장을 세우고 불과 30여 년 만에 주위의 원시림을 모두 고갈시키고 철수했지만, 그들이 떠난 자리에도 새로운 생명이 솟아나고 있었다. 벌채했던 지역에서 나무들이 자라면서 산들이 점점 숲으로 우거진 모습이 뚜렷했다.

시대에 따라 연어, 황금, 목재를 향한 인간의 탐욕의 광풍이 차례로 이곳을 할퀴고 지나갔지만 무차트랏의 강물은 유유히 흐르고 강 너머 산에서 숲은 다시 자라고 있었다.

마퀴나가 최후를 맞이했던 무차트랏 강어귀는 아직도 그의 영혼이 살아있는 듯, 자신의 옛 영토를 걷고 싶어 하는 하이킹 족들을 실어 나르는 수상 비행기 계류장으로 변해 있었다.

05 생명의 모순적 이중성

숲은 미래로 조금씩 변형되고 있는 오래된 과거다.

숲 속엔 마치 그리스의 신전 기둥 같은 오래된 시간의 흔적들이 남아 있다.

숲은 아주 오래된 과거임과 동시에 먼 미래를 향해 변해가는 공간이다. 침엽수 일색의 누카 섬의 숲으로부터 침엽수가 지표면을 점령했던 3억 년 전 지구의 모습을 머리에 떠올리는 것은 어려운 일이 아니다. 또 이 숲에 담겨 있는 빙하기 이후의 1만 5천 년의 시간도 쉽게 감지할 수 있다. 인간이 파괴하지 않는 한 이 숲은 앞으로도 아주 오랜 세월 동안 같은 모습으로 계속 남아 있을 것이다.

밴쿠버 섬 서해안의 누차눌트 인디언들은 3대가 한 지붕 아래 함께 살면서 7세대의 경험을 공유했다. 인디언 아이가 태어나면 이 아이는 어린 시절을 부모는 물론 조부모와 함께 산다. 조부모는 자신이 살아오면서 터득한 지식과 경험을 손자 손녀에게 전수해 준다. 할아버지는 손자에게 강으로 회귀하는 연어의 첫 무리는 잡지 말고 산란하도록 상류로 올려 보내야 하고 한 번에 자신과 가족이 먹을 것 이상 잡지 말아야 한다는 것들을 이야기해 준다.

고래 추장의 손자는 할아버지로부터 고래 같은 영적 동물을 사냥할 때 지켜야 할 금기사항과 작살로 고래를 찌르는 기술을 직접 배운다. 할머니는 손녀에게 시다나무 껍질을 이용해 의복, 모자, 바구니 등을 짜는 기술

1 분해되고 있는 그루터기는 이 숲이 간직한 오래된 과거를 나타낸다.
2 오래전에 죽은 레드시다 그루터기에서 자라는 새 세대의 시다나무는 미래로 변형되어 가는 숲의 모습을 보여 준다.

을 배운다. 또 어떤 시다나무의 껍질을 벗기는 것이 질 좋은 의복과 바구니를 짤 수 있는지를 직접 숲 속에 가서 가르쳐 준다.

할아버지나 할머니의 경험과 지식은 자신들의 조부모였던 손자로 치면 고조부나 고조모로부터 전수받은 것이다. 이렇게 자란 손자와 손녀가 할아버지와 할머니가 되면 자신들의 조부모가 자신들에게 그랬듯이 자신의 경험과 지식을 손자 손녀에게 전수한다. 이렇게 한 사람이 손자 때부터 할아버지가 될 때까지 따지면 7세대에 걸친 200년 이상의 경험과 지식이

면면히 이어지게 된다. 할아버지를 통해 내게 전달된 지식과 경험을 바탕으로 살고 있는 나의 삶은 200년 된 오래된 과거임과 동시에 내 손자를 통해 앞으로 200년 후까지 계속될 미래이다.

숲에 들어가 보면 5,60m의 거대한 헴록, 시다, 가문비나무 곁에서 자라는 작은 나무들을 볼 수 있다. 물론 햇빛을 선호하는 싯카 가문비나무 숲에선 같은 종의 어린나무를 숲 바닥에서 찾아보기가 쉽지 않지만, 시다와 헴록으로 이루어진 숲에선 천년 이상 된 거목 아래 이제 막 삶을 시작한 어린 손자 손녀나무를 심심찮게 볼 수 있다.

세대 간의 경험과 삶의 공유는 숲에서도 똑같이 적용된다. 할머니나무 곁에서 자라는 손녀나무는 물론 할머니의 그늘에 가려 햇빛을 제대로 받지 못하는 불편과 고통이 있긴 하지만, 할머니 나무가 비바람을 막아주고 눈에 파묻히지 않도록 보호해 준다. 하늘 높이 자란 할머니 나무를 곁에서 보고 자라는 손녀나무는 할머니의 모습을 따라 할머니만큼 자랄 수 있는 꿈을 키워나간다.

자신이 어린나무였을 때 할머니 나무로부터 보살핌을 받았듯이 할머니 나무로 성장한 나무는 손자 손녀 나무들의 성장을 위해 헌신한다. 할머니 나무는 죽은 다음에도 손녀나무들을 위해 자신을 바친다. 다른 나무들보다 더 잘 자랄 수 있도록 죽은 자신의 몸 위에 어린 손녀들을 키운다. 더글러스 퍼의 경우 할머니 나무는 뿌리를 통해 곁에 자라는 손녀 나무에게 양분을 공급해 주기도 한다. 인간의 한 세대가 30년 주기로 되풀이되면서 7세대 200여 년의 경험이 공유된다면, 숲은 수백 년 단위로 세대가 되풀이되면서 수천 년의 경험을 공유한다. 이런 숲에 들어가 보면 수천 년 전의

1 과거의 모습이 담겨 있지 않은 숲은 아름답지 않다.
2 누카 섬의 해안선 절벽 위의 얇은 토양은 이 숲이 발달한 긴 시간을 상징한다.
3 해안가 사암층 위에 서 있는 숲은 지구 위의 마지막 빙하가 퇴각한 후의 1만 5천 년 전의 역사를 담고 있다.

모습을 간직한 채 미래를 향해 조금씩 변해가는 과거의 모습을 볼 수 있다.

누카 섬의 숲에는 매우 오래된 과거의 모습과 먼 미래의 모습이 함께 담겨 있다. 숲 바닥에 즐비하게 쓰러진 나무들은 과거 이 자리에 서 있던 숲의 잔해이며 오래된 시간을 상징한다. 쓰러진 나무 위에서 자라는 어린 나무들로부터는 미래의 숲의 모습을 읽을 수 있다. 숲은 현재의 모습으로 정지된 것처럼 보이지만 끊임없이 미래로 변형되고 있는 오래된 과거이다. 단지 그 변형이 매우 서서히 진행되고 있어 100년을 못사는 우리 인간의 시간 기준으로는 감지되지 못할 뿐이다.

이집트와 그리스의 신전들은 오래된 과거의 흔적을 우리에게 보여주고 신전으로 이용되던 시대로 우리를 이끌고 가지만 더는 원래의 목적으로 사용되지 않는다. 건물의 유적으로만 남아 있을 뿐이다. 그러나 숲은 카르낙 신전이나 파르테논 신전보다 훨씬 더 오래된 역사를 간직하고 있으면서도 살아있는 생명체들의 집합으로 존재한다. 숲은 또 우리가 이 세상을 떠나고 나서도 살아서 현재의 자리를 지키며 오랫동안 남아 있을 것이다. 이는 유적에서는 찾아볼 수 없는 숲만이 가진 경이로움이다.

침엽수가 지구 상에 출현한 것은 3억 년 전이지만, 캐나다의 해안 온대 우림이 현재의 위치에 자리 잡은 것은 약 2백 만 년 전으로 알려졌다. 이후 빙하기 때마다 빙하에 덮여 있지 않은 남쪽이나 해안 쪽에 갇혀 있다가 빙하기 후 다시 본래의 영토를 찾아 다시 점령하길 수차례 반복해 왔다.

현재의 해안 온대 우림은 1만 5천 년 전 지구의 마지막 빙하기가 끝나고 빙하가 남긴 돌과 자갈 위에서 새로 시작된 숲이다. 그 이후 천이과정을 거쳐 오늘날과 같이 헴록, 시다, 싯카 가문비나무 등으로 이루어진 숲의 모습을 갖춘 것은 지금부터 7,8천 년 전이다. 빙하의 전진과 퇴각이 무수히 반복되면서 해안 우림으로 자리 잡은 2백만 년 전의 흔적을 찾기란 쉽지 않다. 그러나 1만 5천 년 전의 마지막 빙하기의 흔적은 쉽게 찾아볼 수 있다.

제일 두드러진 흔적은 얕은 토양의 깊이다. 누카 섬의 원시림 숲 속에서 자라는 나무들의 크기와 굵기를 보면 이들이 자라는 토양이 매우 비옥할 것이란 인상을 받게 된다. 그러나 1만 5천 년 전 메마른 돌과 자갈 더미나 암석 위에서 만들어지기 시작한 토양은 수 센티미터에 불과하다.

얄팍한 토양 위에서 자라는 온대 우림의 나무들은 뿌리를 깊게 내리기보다 옆으로 넓게 퍼뜨려 양분을 섭취한다. 바람에 쓰러진 큰 나무들의 뿌리를 보면 지름이 5,6m나 되는 대신 깊이는 불과 3,40cm에 불과하다. 뿌리가 뽑힌 자리에는 암반이 훤히 드러나 보인다. 수백 미터의 두께를 가진 거대한 빙하 밑에 눌려 있다가 생긴 해안의 사암절벽과 그 위의 얇은 토양을 바탕으로 자라는 나무들은 빙하가 퇴각하고 1만 5천 년의 긴 세월을 상기시켜 준다. 빙하기의 흔적을 그대로 간직한 채 그 위에서 자라는 숲은 앞으로 변형될 미래의 모습이다.

진정한 숲은 죽은 나무와 살아있는 나무가 함께 어울려 만들어진다. 누카 섬의 숲에는 죽은 나무들이 많다. 죽은 나무들은 죽은 채 서 있는 나무, 줄기가 중간에서 부러진 나무, 바닥에 쓰러져 있는 나무, 바닥에 쓰러진 지 오래된 듯 땅속에 거의 파묻힌 채 형체만 어렴풋이 보이는 다양한 형태로 존재한다. 나무가 죽으면 쓸모없을 것처럼 보이지만 나무는 죽은 후에도 가치를 발휘한다. 죽은 나무들은 숲 속에서만 존재하지 않는다. 숲을 떠나 개울 속에 갇혀 있기도 하고, 바다 위를 떠다니기도 하며, 해변에 정착해 있기도 하다.

나무의 삶은 탄생 순간부터 자신을 공격하는 곤충이나 미생물 같은 적들과 싸움을 해야 한다. 목질에 방향족 화학물질이 함유된 시다 등 일부 나무들은 다른 나무보다 병충해의 공격에 잘 견딘다. 그러나 세월이 흐르면 모든 나무는 기력이 떨어지고 어느 시점에 가서는 이들의 집요한 공격에 무릎을 꿇고 만다.

첨단부부터 시작되는 고사현상이 나무 전체로 서서히 확대되는데 나무 종류에 따라 수십 년에서 수백 년까지 걸린다. 생명이 완전히 끊긴 나무는 숲 바닥에 쓰러지기 전까지 다시 수십 년에서 백 년 이상을 제자리에 서서 보낸다. 죽은 채 서 있던 고사목은 큰바람이 불면 숲 바닥에 쓰러진

1 과거의 산불 흔적이 남아 있는 숲. 브룩스 반도
2 해안가의 싯카 가문비나무 고사목. 죽은 나무들은 수십 년에서 백 년 이상 그 자리에 서 있다.
3 죽은 나무는 살아있는 나무들 사이에서 시각적으로 독특한 아름다움을 발한다.

다. 죽은 나무들은 뿌리발달이 멈추면서 자신을 지탱하는 힘이 약해져 있기 때문에 살아있는 나무들보다 비바람에 의해 쓰러질 가능성이 크다. 죽은 채 서 있던 나무들은 미생물이나 곤충의 공격으로 줄기 속이 이미 썩은 상태에서 숲 바닥에 쓰러진다. 쓰러진 나무의 줄기는 여러 동강으로 부서진다. 부서져 안쪽이 드러난 나무들은 곰팡이와 곤충들의 공격에 더 취약해지며 분해 과정은 가속화된다. 살아있는 나무들도 뿌리를 깊이 뻗지 못했거나 뿌리 주위의 토양침식이 심해지면 강풍을 만나면 쓰러진다.

나무들의 생태적 역할은 죽은 다음에도 계속된다. 나무들은 죽어가면서도 이끼나 고사리 같은 착생 식물들이 자신의 줄기나 가지에 붙어 자랄 수 있도록 한다. 죽은 나무는 자신의 몸을 희생해 버섯이나 다른 곰팡이들이 자랄 수 있도록 한다. 나무는 죽어도 새들은 여전히 죽은 나무를 찾는다. 죽은 나무의 가장 높은 곳에 달린 가지들은 독수리들이 홰를 치거나 다음 사냥감을 공격하기 전까지 휴식하는 공간으로 사용된다. 곤충들의 공격을 받은 나무들은 이들을 잡아먹는 새들을 숲으로 불러들인다.

숲 바닥으로 쓰러진 나무는 숲 속에서 새로 자라는 어린나무들에 유리한 환경을 제공한다. 쓰러진 나무는 숲 바닥보다 높은 위치에서 햇볕을 더 많이 받으며, 그 위에 낙엽, 가지 등이 쌓여 유기물층이 형성되고, 그 자체 내에 많은 수분을 함유하고 있기 때문에 어린 묘목이 새 삶을 시작하기에 이상적인 환경이 조성된다. 쓰러진 나무는 배양목Nurse Log으로 변해 새 세대의 나무들을 키우는 역할을 한다.

쓰러진 나무는 썩어가는 과정에서 자신 위에서 새 삶을 시작하는 어린 묘목들에 양분과 수분을 공급해 주는 보호자 역할을 한다. 쓰러진 나

1 거대한 줄기가 꺾인 싯카 가문비나무
2 죽은 헴록 줄기에 붙은 버섯 (chicken mushroom)
3 죽은 후에도 나무의 생태적 역할은 계속된다. 곤충, 버섯(bracket fungus), 딱따구리의 서식공간을 제공한다.

4 바람에 줄기가 꺾인 모습. 이런 현상들이 해안 온대 우림을 끊임없이 조금씩 변하게 한다.
5 뿌리째 뽑힌 레드시다 거목
6 위태로운 바위 절벽 위에서 자라다 쓰러진 레드시다

1 길이가 긴 온대 우림 속의 나무들은 쓰러지고 나서 종종 줄기의 일부가 공중에 떠있는 상태로 부식이 진행된다.
2 숲 바닥에 쓰러져 서서히 분해되고 있는 나무들
3 개울 근처에서 자라던 나무 중 일부는 죽은 후에 개울 바닥으로 쓰러진다.

4 개울을 가로질러 쓰러진 나무들 주변에는 상류에서 떠내려 온 나무줄기와 가지들이 쌓여 댐을 형성하기도 한다.
5 죽음이 삶을 키우는 모습.
6 삶이 죽음을 부둥켜안은 모습.

1 해안가 바위 절벽에서 자라는 나무들은 토양 침식이나 바람 등의 영향으로 해안으로 쓰러진다.
2 해안으로 쓰러진 나무들은 바닷물에 의해 해안 곳곳으로 이동된다.
3 바닷물이나 모래 자갈과 마찰하여 나무껍질이 벗겨지고 가지와 뿌리가 마모된 다음 한곳에 쌓이게 된다.

무 위에서 자라던 나무들이 점점 커지면서 더 많은 양분과 수분을 필요로 하고, 점점 더 커지는 자신의 무게를 지탱하기 위해서 더 안정된 토대를 찾아 뿌리를 땅속으로 내리게 된다.

숲 바닥에 쓰러진 나무들은 로만포럼의 쓰러진 기둥이나 고대 그리스 신전의 잔해들처럼 매우 오래된 시간의 흔적들이다. 시다 같은 나무는 천 년 가까이 살다가 죽고 죽은 후에도 고사목 상태로 백 년 이상 숲 속에 서 있게 된다. 숲 바닥에 쓰러지고 나서도 수십 년에서 백 년 이상 형체를 유지하며 서서히 분해되어 간다. 자신 위에 2,3백 년생의 나무를 키우는 시다 배양목 중에는 로마제국이 멸망하기 훨씬 전에 삶을 시작한 것들도 있다. 로만포럼의 유물들은 관람객들에게 보여주는 유물 이상의 역할을 하지 못하지만, 숲 바닥에 쓰러진 나무들은 여전히 미래의 생명을 키우는 역할을 한다.

개울가에서 자라는 나무들은 비가 내리고 나서 거센 물살로 토양 침식이 발생하면서 개울로 쓰러진다. 개울을 가로질러 쓰러진 나무 주변에는 상류에서 떠내려 오는 낙엽, 가지 등 유기물들이 걸려 천연의 댐을 만든다. 물살이 댐에 부딪혀 회전하면서 개울 바닥을 할퀴어 깊은 웅덩이가 생긴다. 물웅덩이는 어린 물고기들의 성장을 위한 훌륭한 서식처가 된다. 물웅덩이는 모천 회귀성 물고기인 연어들이 산란을 위해 상류로 이동하는 과정에서 독수리나 곰들의 공격으로부터 자신을 보호하는 은신처로도 이용된다.

개울물을 가로막고 댐을 만들고 있던 나무들도 분해되거나 큰비가 내려 개울이 범람하면 강을 따라 바다로 나가게 된다. 바다 위를 떠다니는 나무는 나무좀 같은 작은 해양 곤충들이 침투해 갉아먹는다. 이는 다시 작은 물고기들을 유인하게 되고 작은 물고기를 잡아먹는 큰 물고기들을 불러

1 해변에 정착했던 큰 나무들도 백중사리 때 다시 바다로 밀려나갔다가 다른 곳에 정착한다. 해양 곤충들에 의해 공격을 받고 분해되고 있다.

2 아무리 큰 나무라 할지라도 큰물이 들어오면 위치가 바뀐다.

모으는 역할을 한다. 이 때문에 물고기 떼들은 떠다니는 나무들과 함께 이동하기도 한다. 숲에서 출발해 바다까지 나온 나무들은 해양생물들의 서식공간을 만들고 바다생태계를 살찌게 한다.

바다 위를 떠다니던 나무는 조류와 풍랑에 의해 해변에 정착하게 된다. 해변에 정착한 나무는 해변의 모래사장을 안정시키는 역할을 한다. 백사장이 육지 쪽으로 전진하는 것을 막고 장기적으로 해안선이 보전될 수 있도록 한다. 누카 섬의 숲이 바다와 인접해 있음에도 뚜렷한 경계를 지으며 서 있을 수 있는 것도 해변에 정착한 죽은 나무들 때문이다.

죽은 나무 중에서 가장 숭고한 아름다움을 발하는 나무는 자신 위에 새 세대의 나무를 키우는 배양목들이다. 배양목은 생명의 모순적 아름다움을 가장 극명하게 보여주는 예다. 배양목은 죽음이 삶을 키우는 모습이며, 삶이 죽음을 부둥켜안는 모습이다. 배양목은 자신의 몸을 희생시켜가면서 자식을 키우는 어머니와 같다. 숲 속에서 배양목을 만나면 가슴은 떨리고 코끝이 찡해진다.

인간이 조성한 숲에는 마치 개에게 야생늑대가 지닌 무엇인가가 빠져 있는 것처럼 숲이 지니는 근원적인 것들이 존재하지 않는다. 목재생산을 목적으로 상업적으로 육성된 숲에는 오래된 과거로부터 계속되고 있는 긴 시간이 담겨 있지 않다. 이런 숲에는 죽은 나무들이 없다. 죽은 나무들이 없는 숲에는 죽은 나무를 분해하는 곤충들이 살지 않는다. 곤충들이 없는 숲에는 이를 먹이로 살아가는 새들이 찾지 않는다. 새들이 찾지 않는 숲은 적막하다. 적막한 숲 속에선 가슴이 떨리지 않는다. 소름이 돋지 않는다. 죽은 나무가 없는 숲은 아름답지 않다!

끊임없는 죽음 속의 끊임없는 탄생

누카 섬의 숲은 끊임없이 사멸되는 가운데서도 끊임없이 탄생하는 생명의 모순적 이중성을 깨닫게 해 주는 곳이다.

누카 섬의 원시림은 천수를 누리는 거대한 나무들이 활발하게 생명활동을 하는 곳이지만 그곳에는 수많은 죽음이 함께 하고 있다. 숲은 죽은 나무, 나뭇가지, 낙엽, 죽은 동물의 시체와 유골, 나무가 쓰러지면서 짓밟은 초본류 식물 등 죽은 유기물들로 가득한 쓰레기장이다. 숲 속의 흙은 이렇게 쌓인 쓰레기더미가 분해되어 만들어진 것이다. 아이러니하게도 이렇게 쌓인 죽은 유기물들이 분해되어 만들어진 흙은 숲 속에서 새 생명이 태어나는 곳이 된다. 현재 숲 속에 살아있는 나무들은 과거에 살았던 식물과 동물들의 죽음 위에서 자라고 있다. 과거의 생명체들의 끊임없는 희생이 없었다면 누카 섬의 숲은 존재할 수 없었다.

누카 섬의 이탄 습지는 그 같은 모순을 숲보다 더 극명하게 보여 준다. 생명이 죽음 속에 한 발을 담그고 있는 곳이 이탄 습지다. 습지의 표면을 덮고 있는 살아있는 스패그넘 이끼 밑에는 아직 분해되지 않아 형체가 그대로 남아있는 죽은 이끼들이 있다. 죽은 이끼는 새로 태어난 이끼들의 무게에 짓눌려 있다. 마치 삶과 죽음 간의 경계를 비웃듯이 죽은 이끼와 산이끼는 서로 엉겨 한몸이 되어 있다. 죽은 이끼들은 지금 살아있는 이끼들에게도 죽음은 불가피하다는 것을 보여준다. 그럼에도, 이탄 습지에서 죽음은 생명의 종말을 의미하지 않는다. 오히려 생명이 거듭나려면 거쳐야 할 필수불가결한 과정임을 알려준다. 불사조처럼 생명이 이어지는 이탄 습지는 죽음의 땅이 아니라 생명에 대한 약속과 희망의 공간이다.

생명의 이중성을 확인할 수 있는 또 다른 곳은 일 년 중 9개월 동안 눈에 덮여 있는 비씨 주 해안산맥의 고산지대다. 키가 큰 성숙목과는 달리 나무 전체가 일 년 중 대부분 기간에 눈 속에 묻혀 있게 되는 어린 전나무와 가문비나무들에 눈은 매우 가혹한 부담이 된다. 비탈진 곳에서 자라는 전나무들은 눈 무게에 짓눌려 줄기와 수관이 땅에 닿을 정도로 휘어진다. 전나무들은 마치 제 몸을 가누지 못하고 땅바닥에 드러누운 술 취한 사람처럼 보인다. 어린 전나무들은 눈이 사라진 여름 동안 서서히 줄기를 곧추세운다. 눈이 쌓이기 시작하는 가을이면 다시 눈 속에 파묻혀 이듬해 봄까지 점점 늘어나는 눈 무게를 받으며 눈 속에 갇혀 있게 된다. 고산에서 자라는 나무들에 매년 이 같은 현상이 되풀이된다. 이런 현상은 나무들의 키가 눈이 쌓이는 두께 이상으로 커질 때까지 또는 나무줄기가 눈 무게를 스스로 감당할 만큼 굵어질 때까지 수십 년간 계속된다. 고산에서 눈과 추위는 죽음을 의미한다. 끊임없는 죽음의 위협 속에서도 오뚝이처럼 되살아나는 고산의 전나무들 역시 생명의 이중성과 모순적 아름다움의 상징이다.

매년 여름 눈이 채 가시기도 전에 꽃부터 피우는 고산초원의 글래시어 릴리와 서양 할미꽃도 생명의 모순적 아름다움을 보여 준다. 이들은 눈 속에 일 년 중 대부분을 갇혀 있다가 눈의 두께가 얇아지면 눈을 뚫고 꽃

1 숲 바닥은 죽은 유기물로 뒤덮인 쓰레기장이다.

2 버섯과 같은 곰팡이들은 숲 바닥에 쓰러진 나무의 분해를 가속화 시킨다.

3 오래전에 쓰러진 나무에 붙어 자라는 버섯(chicken mushroom)

4 이탄 습지는 끊임없는 죽음과 끊임없는 탄생이 이루어지는 곳이다.

5 스패그넘 이끼의 사체. 이탄 습지의 비교적 낮은 층에 묻혀 있어 살아 있을 때의 형체가 그대로 유지되고 있다.

6 스패그넘 이끼 위에서 자라는 끈끈이주걱

7 겨울 동안 눈 무게 때문에 짓눌려 있다가 눈이 녹기 시작하면서 서서히 줄기를 곧추세우는 아고산 지대의 전나무들. 마치 긴 겨울잠에서 막 깨어나는 모습이다.
9 눈이 가시자마자 핀 글래시어 릴리 군락
11 눈을 뚫고 핀 글래시어 릴리

8 여전히 줄기가 꺾인 채 눈 속에 파묻혀 있는 전나무
10 눈 속에서 피기 시작한 서양 할미꽃. 불과 하루 전만 해도 눈 속에 갇혀 있었다.

1 모천을 향해 가는 연어에게는 폭포도 걸림돌이 되지 못한다.
3 해초에 산란된 청어 알들.

2 모천에 도착해 자신의 생명을 파괴하여 새 생명을 탄생시키는 연어들. 아담스 강
4 사무용 책상만 한 공간에 6백만 개의 알이 붙어 있다.

부터 피운다. 죽음을 상징하는 눈 속에서 피운 꽃은 생명의 부활과 재생을 알린다. 글래시어 릴리와 서양 할미꽃은 생명을 파괴하는 눈과 추위 속에서도 매년 꽃을 피우며 끊임없이 생명을 이어간다.

생명의 모순적 이중성은 강과 바다에서도 마찬가지로 나타난다. 바다에서 모천으로 돌아온 연어는 마리당 약 3천 개의 알을 산란하지만, 이중 일부는 산란 둥지를 파먹는 송어나 새들에게 희생당하고, 설사 성공적으로 부화했을 때도 새끼상태에서 강과 바다에서 포식자들에게 희생당한다. 산란한 알이 성공적으로 성어가 되어 회귀해서 다시 산란할 확률은 3천 분의 1 정도밖에 되지 않는다. 희박한 확률의 게임임에도 연어는 산란기가 되면 바다에서 모천으로 향한다. 모천은 연어가 탄생한 곳이지만 산란 후 죽음을 맞이하는 곳이기도 하다. 모천으로 가는 도중에 숨어 있는 온갖 위험과 고난을 감수해가면서 결국 맞이할 것이 죽음 임에도 거친 물살과 폭포를 거슬러 상류로 올라가는 연어로부터 생명의 모순을 느끼지 않을 수 없다. 그러나 연어는 모천에서 자신의 삶을 파괴함으로써 연어라는 생물종의 대가 끊어지지 않고 계속 이어 갈 수 있게 한다.

매년 봄 수십만에서 수백만 단위로 돌아와 해안가에 산란하는 청어들도 낮은 확률의 생존과 싸워야 한다. 청어 떼들은 수심이 얕은 해안가에 산란한다. 한번 산란하면 사무용 책상만 한 공간에 약 6백만 개의 알을 산란한다. 이중 단지 1% 정도만이 성공적으로 부화하여 먼 바다로 나갔다가 성어로 자란 해안으로 돌아와 생명주기를 이어간다. 나머지 99%는 부화하지 못한 채 새 물고기 해양 동물들의 먹이가 되거나 파도에 떠밀려 육지 위에서 폐사되거나 돌과 자갈에 깔려 질식사 되고 만다. 살아 돌아온 청어

© Charles Thirkill

청어의 산란으로 우윳빛으로 변한 바다. 밴쿠버 섬 나나이모

1%의 삶은 99%의 죽음이 있었기 때문에 가능했다.

지구 위에 지금 살아남은 생명은 먼저 떠나보낸 생명의 삶이다. 만일 앞선 죽음이 없었더라면 현재의 모든 생명도 세상의 빛을 보지 못했을 것이다. 생명이 지구가 탄생한 이래 수억 년 동안 끊임없이 이어지는 이유도 이런 모순적 이중성 때문이리다.

야생자연은 생명의 모순적 이중성이 가장 뚜렷하게 나타나는 곳이다. 모순적 이중성이 뚜렷해지면 질수록 생명의 아름다움은 그 깊이를 더한다.

06 아름다움과 환경교육

연어 산란 하천에서 현장 체험 학습 중인 캠룹스 초등학교 학생들과 교사.

연어 산란 하천에서 체험 학습 활동에 참여하고 있는 학생들.

환경문제

비록 우리나라 밖의 자연을 대상으로 했지만, 이 책을 통해 자연의 아름다움을 강조한 이유는 우리나라의 자연보전과 환경문제 해결을 위한 기대감 때문이다. 우리가 아름다움을 느끼는 대상에 대해선 그것이 예술품이건 자연이건 소유하려는 욕구가 생긴다. 소유하려는 욕구는 더 나아가 그 대상을 보호하거나 오랫동안 보전하려는 동기를 유발한다. 미술품과 문화재들은 다른 이유도 있겠지만 아름답기 때문에 보전되고 있다. 따라서 아름다우면 보전하게 되고 반대로 아름다움을 느끼지 못하는 대상에 대해서는 보전 동기가 약해진다.

따라서 우리가 자연을 좀 더 아름답게 음미하고 감상할 수 있는 능력을 갖춘다면 자연보전과 오늘날 환경문제 해결에 이바지할 수 있을 것이다. 바꾸어 말하면 오늘날 환경문제는 부분적으로 우리가 자연의 아름다움을 올바르게 이해하지 못했기 때문에 일어난 것이라고도 말할 수 있다.

지구 생태계는 생명체들과 비 생명체 간의 상호작용을 통해 지구의 화학적 물리적 특성들이 결정되고 형성되어 왔다. 이는 지질학적 시간에 걸쳐 서서히 진행되어온 과정이었다. 이 과정에서 흙이 생성되고, 물순환을 통해 수질이 정화되고, 화석연료가 생산되고, 대기 중의 이산화탄소가 제거되고 산소가 생성되었다. 이는 수억 년의 시간이 걸렸고 수십억 종의 생물들이 모두 집합적으로 이루어낸 성과이다.

오늘날 지구의 운명은 매우 위태롭기 짝이 없다. 이렇게 수억 년에 걸쳐 형성된 지구의 화학적 물리적 성질이 급격하게 변하고 있기 때문이다. 인간이라는 하나의 생물종이 우주의 시간을 기준으로 하면 찰나에 불과한 지난 200여 년의 기간에 지구의 생물, 물리, 화학적 성질과 특성을 급격하게 변화시키고 있기 때문이다. 이런 변화는 자연 파괴에 따른 멸종과 생물다양성 감소, 어족자원 고갈, 각종 오염, 지구온난화, 기후변화 등의 환경문제로 나타나고 있다.

오늘날 세계는 전쟁, 핵무기, 금융위기, 식량생산, 기아 등과 같이 많은 문제가 인류의 생존을 위협하고 있다. 우리는 이런 문제들은 사회적 문제이며 국가 간 정책, 협상, 과학기술을 통해 인간의 힘으로 해결할 수 있다고 믿고 있다. 그러나 사회 문제들의 근본원인은 생태계의 문제에 있다. 생태계의 문제들이 심각한 위협을 받으면서 전쟁, 식량, 경제, 무역, 금융과 같은 인간사회의 문제들로 나타나고 있을 뿐이다.

지난해 하버드 대학에서 일어난 다음의 사건은 위와 같은 문제점을 잘 보여주는 예이다. 작년 11월 하버드 대학의 경제학과의 그레고리 맨큐 교수의 경제학 강의시간에 70여 명의 학생이 수업 참여를 거부하고 강의실 밖으로 뛰쳐나갔다. 이는 당시 세계 각국으로 퍼지던 "월가를 점령하라Occupy Wall Street" 운동의 연장선 상에서 일어난 사건이다. 학생들이 강의실을 뛰쳐나간 이유는 "경제학이 사회의 경제적 불평등과 부의 양극화 현상을 해결하는 데 도움이 되지 못한다"라는 인식하에 있었다. 맨큐 교수는 저명한 경제학 개론의 저자이며 이 책은 많은 서구 대학에서 경제학 교과서로 사용되고 있다.

학생들의 수업 거부와 월가를 점령하라 같은 현상은 오늘날 경제학이 심어준 잘못된 믿음에서 야기된 문제이다. 경제학에서는 국민총생산 GDP이나 화폐를 척도로 복지를 평가한다. 경제이론에 따르면 GDP가 높아지면 질수록 개인이나 국가의 복지수준도 향상된다. 그러나 경제학에는 부의 공평한 분배가 복지향상에 이바지하는 부분은 빠져 있다. 또 경제학이론에 따르면 각 나라의 경제는 무한히 발전할 수 있다고 가정하고 있다.

경제학이 학문으로 발전되던 당시의 지구에는 인구는 적었고, 천연자원은 신경 쓰지 않아도 될 만큼 풍부했고, 노동, 금융 및 기계 기술 자본은 부족했을 때였다. 이 같은 학문적 탄생 배경 때문에 경제학은 자연을 무가치한 것으로 보거나 다른 생산요소들에 비해 가장 덜 중요한 것으로 간주하였다.

당시엔 좀 더 많은 인력이나 기술을 투입하면 생산은 저절로 늘어나게 되어 있었다. 반면 토지와 같은 자연자본의 역할은 제품생산 위주의 경제학에서 큰 문제가 되지 않았다. 무궁무진한 것으로 간주되었기 때문이다. 맑은 공기나 맑은 물과 같은 자연자본이 고전 경제학에서 아무런 대가 없이 무한정 공급받을 수 있는 자유재로 취급한 것도 이 같은 경제학의 문제를 잘 보여준다. 인구가 증가하면서 이윤추구, 소비자와 기업 중심의 경제가 발전하면서 더 많은 토지 개발, 생태계 파괴, 자원고갈이 일어나면서 무한하다고 여겨졌던 자연자본들이 사라지게 되었다.

자연자본이 사라진 상태에서는 아무리 우수한 인적자본, 아무리 많은 금융자본 및 기술 자본을 투입해도 생산은 늘어나지 않는다. 오늘날 세계가 직면한 현실이다. 어업의 경우를 예로 들면 과거보다 어획기술과 장비는 크게 발전하였다. 오늘날 어선들은 어군탐지기, 정치망, 저인망 등 예전에는 구하기 어려운 장비와 기술을 갖추고 어로작업을 한다. 그럼에도, 훨씬 후진적인 장비를 갖추고 조업하던 과거보다 어획량은 전 세계적으로 늘지 않고 오히려 감소하고 있다. 그동안 어획고를 높일 수 있는 기술 자본에는 경쟁적으로 투자가 이루어졌지만, 자연자본에 해당하는 어족자원은 무궁무진하다고 간주하고 지속 가능하게 관리하지 않았기 때문이다. 이 같은 현상은 어업에만 국한되어 일어나지 않고, 농업, 임업, 지하수 등 재생 가능한 자원을 이용하는 분야 전반에 걸쳐 일어나는 현상이다.

자연과 관련된 문제는 경제학에서 외부효과로 처리하면서 경제학의 문제가 아닌 것으로 도외시했다. 경제학이 환경문제를 해결하는 기능을 결여하게 된 배경이다. 지금까지 경제학에서 이처럼 소홀히 다루었던 자연자본들을 지속가능하고 건전하게 유지될 수 있도록 하는 새로운 접근방법들이 필요하다. 자연의 아름다움에 대한 인식을 높이고 이를 환경보전의 동기로 적극적으로 활용하는 것은 문제 해결을 위한 하나의 방법이 될 수 있다.

안보, 무역, 에너지 등의 현안 문제에 가려 특히 선진국에서는 그 심각성이 제대로 알려지지 않고 있지만, 식량문제는 인류의 생존을 위협하는 가장 큰 문제이다.

2011년 세계 인구가 70억을 넘긴 것으로 추정되고 있다. 1950년 25억이었던 것에 비하면 60여 년 사이 세계인구가 3배에 가깝게 늘어났다. 한반도의 인구도 같은 기간 2.5배 이상 늘어났다. 늘어난 세계 인구가 요구하는 식량, 자원, 에너지 조달 문제가 그 어느 때보다 심각해졌다. 세계 인구의 삶을 지탱하기 위한 식량은 모두 광합성을 통해 숲, 바다, 농지와 같은 생태계로부터 공급된다.

한 연구에 의하면 세계 인구 규모가 50억 수준이었던 25년 전 인류는 지구 생태계가 광합성을 통해 생산되는 일차생산량의 40%를 이미 사용하고 있었다. 일차생산은 식물의 열매, 과일, 뿌리, 잎 등의 형태로 우리가 소비하는 식량 대부분이 생산되는 과정이다. 이 수치는 세계인구가 70억일 때는 56%, 100억일 때는 80%로 늘어나게 된다. 2050년 무렵이면 세계 인구가 100억에 도달할 것으로 예견된다. 그때가 되면 광합성의 1차 생산량 대부분을 인간이 독차지하고 나머지 20%를 갖고 동물, 곤충, 조류, 어류 등 인간 이외의 생명체들이 연명해야 하는 상황이 전개된다. 수많은 생물종이 멸종을 맞이하게 될 이 같은 상황에서는 인류 생존도 장담할 수 없다.

경관 망각증

북미에서 불과 100여 년 전 실제로 일어난 다음의 두 사건은 자연자본이 얼마나 빨리 우리 앞에서 사라질 수 있는지를 잘 보여주는 예이다.

화가 겸 조류 학자였던 제임스 오드본은 1813년 자신이 경험한 나그네 비둘기 떼들의 이동장면을 다음과 같이 기록하고 있다. 그는 오하이오 강가의 집에서 약 100km 떨어진 루이스 빌까지 마차로 여행 중이었다. 때마침 이동 중이던 나그네 비둘기 떼들이 하늘을 까맣게 덮어 정오였음에도 마치 일식현상이 일어난 것처럼 하늘이 깜깜해졌다고 한다. 해질 무렵에 목적지에 도착했는데 그때까지 나그네 비둘기 떼들의 이동은 그치지 않고 계속되었다고 기록하고 있다. 당시 나그네 비둘기는 북미 모든 새의 개체 수의 40%나 차지할 정도로 많았다.

오드본은 나무에 앉은 수만 마리의 나그네 비둘기들의 무게 때문에 줄기 지름이 60cm나 되는 굵은 나무가 부러져 쓰러진 것을 목격하기도 했다. 이들이 뿌린 배설물은 마치 눈이 내린 듯 숲 바닥을 하얗게 덮은 모습도 눈으로 확인했다. 수만 마리의 나그네 비둘기 떼가 한꺼번에 날아오르거나 내려앉는 가운데 갇힌 적이 있었는데, 그 소리가 마치 폭풍과 천둥이 치는 소리와 같았다고 회고하고 있다.

그로부터 50여 년이 지난 후인 1870년 나그네 비둘기의 개체 수가 급격히 감소한 상황에서도 폭 1.5km 길이 500km의 종대를 이루며 오하이오 강변의 신시내티 상공을 날아가던 나그네 비둘기 떼가 목격된 기록이 전해지고 있다. 당시 그 안에는 약 20억 마리의 나그네 비둘기들이 있었던 것으로 추정된다.

나그네 비둘기를 식용으로 사용했던 당시 이들을 잡아 생계를 유지하던 전문 엽사만 수천 명에 달했다고 한다. 이들은 살아있는 나그네 비둘기의 눈을 실로 꿰매어 앞을 보지 못하게 만든 다음 끈으로 발을 묶어 땅에 박은 장대에 연결해 놓고 이들이 우는소리로 다른 비둘기들을 유인하였다. 얼마나 많은 비둘기가 날아왔는지 비둘기 사냥꾼들은 곤봉이나 막대기로 허공을 무작위로 휘둘러도 비둘기들을 잡을 수 있었다.

그렇게 많던 나그네 비둘기들은 계속된 무자비한 수렵으로 1896년 무렵엔 25만 마리로 줄었고, 같은 해 오하이오 주 볼링그린 인근 숲에 떼를 지어 내려앉은 것이 대규모 무리로 이동한 마지막 장면이었다. 엽사들은 이 마지막 기회를 놓치지 않았다. 땅에 내려앉은 대부분이 희생되었다.

여기서 살아남은 5천여 마리마저도 그로부터 몇 년 사이 모두 사라지고, 1900년 3월 24일 인간의 보호 아래 생존해 있던 마지막 한 마리가 죽으면서 나그네 비둘기는 지구 상에서 완전히 멸종되었다. 오드본에 의한 첫 회고로부터 불과 90여 년 만에 맞은 비극이며, 지금부터 불과 100여 년 전에 일어난 사건이다.

북미의 들소도 나그네 비둘기와 비슷한 운명을 맞이했다. 1871년까지만 해도 북미에는 사람보다도 들소가 더 많았다. 당시 미국 다코타 주의 초원의 낮은 언덕 위에서 주위를 둘러보면 사방 50km 안에는 풀을 뜯는 버펄로 외에는 아무것도 보이지 않는 광경이 펼쳐졌다. 이런 들소 떼가 이동하면서 한 지점을 모두가 통과할 때까지는 며칠씩 걸렸다. 백만 마리의 들소들이 풀을 뜯을 때 이들이 차지하는 공간은 서울시 면적의 반보다 더 넓은 400㎢에 달했다. 다코타 평원 경관의 일부였던 이런 장면은 들소 고기를 식용으로 하면서 불과 30년도 되지 않아 완전히 사라졌다. 1850년부터 1880년 사이 자그마치 7천5백만 마리나 되는 들소들이 도살되었다.

불과 우리의 할아버지 세대였던 100여 년 전에 발생한 일임에도 미국사람들은 이 두 사건이 마치 로마제국의 멸망처럼 까마득히 먼 옛날에 일어난 역사적 사건쯤으로 기억하고 있다. 또 이 두 가지 생물종이 인간에게 식용으로 쓰이던 유용한 종이었음에도 멸종까지 몰고 간 데는 인간의 속성 중 하나인 경관 망각증의 힘을 무시할 수 없다.

경관 망각증은 산림개간이나 주택개발 등으로 우리의 주변의 경관이 매년 조금씩 바뀌면 우리는 변화의 양을 가늠하지도 못할 뿐더러 변화가 누적되면서 나타날 결과에 대해서도 심각하게 받아들이지 않는 인간의 속성을 말한다. 나그네 비둘기와 버펄로 들소들의 개체 수가 매년 조금씩 감소하면서 과거의 개체 수에 대한 기억은 잃어버린 채 줄어든 개체 수를 당연한 것으로 받아들이고 심각한 문제로 인식하지 못하는 것이다. 이런 현상이 100년 또는 30년에 걸쳐 지속하면서 결국 하나의 종이 멸종되는 비극으로 끝을 맺게 된 것이다.

경관 속에 살고 있는 한 경관 망각증에서 벗어나기는 어렵다. 반대로 경관 밖에 살 경우엔 그 경관 속에서 진행되고 있는 변화가 더욱더 잘 감지된다. 지난 십여 년 동안 이런저런 이유로 일 년에 한두 차례씩 서울에 갈 기회가 있었는데, 갈 때마다 변한 우리나라의 모습에 놀란 적이 한두 번이 아니다. 도시 곳곳에 들어선 새로운 건물과 상점, 과거 논과 밭이 차지하고 있었던 자리에 들어선 도로와 아파트 단지들의 모습은 물론 지하철역마다 설치된 스크린도어, 전보다 훨씬 깨끗해진 전동차의 모습들도 그저 놀라울 따름이다. 지하철 내 풍경도 과거의 신문이나 책을 읽는 사람들의 모습은 거의 사라지고, 모두 작은 액정화면을 손가락으로 콕콕 찌르거나 긁어대는 것으로 바뀌었다. 이런 변화들이 지니는 공통점은 과거의 자연경관이 모두 건물이나 인공적인 축조물로 대체되고 있는 점이다.

이 같은 변화가 세계 곳곳에서 일어나고 있으며 변화의 속도는 점점 빨라지고 사람들은 그런 변화에 점점 더 익숙해지면서 경관망각증도 더 심해지고 있다. 경관 망각증이 심해지면서 우리는 변화는 당연한 것으로, 많으면 많을수록, 빠르면 빠를수록 좋은 것으로 받아들이게 된다. 경관 망각 증상은 현재 인간이 지닌 가장 가공할 만한 속성으로 서서히 진행되는 지구 온난화 같은 문제의 심각성을 올바르게 인식하는 데 큰 장애로 작용한다.

인간이 발달시킨 오늘날 과학기술의 힘을 동원하면 가공할 만한 힘으로 자연을 파괴할 수 있다. 100여 년 전의 기술 수준으로 나그네 비둘기와 버펄로들을 북미대륙의 경관으로부터 사라지게 할 때까지 걸린 기간이 100년과 30여 년이 걸렸다면, 오늘날의 기술 수준으로는 10년도 채 걸리지 않을 것이다. 우리가 하이킹하면서 아름다움을 만끽했던 40여km의 누카 섬 서해안의 원시림도 인간이 마음만 먹으면 과학 기술력을 동원해 수년 내 모두 벌채해 버릴 수 있다. 그러나 그동안 인간은 자신이 발달시킨 과학기술의 위업에 도취한 나머지 이 위력적인 힘이 자연에 응용되었을 때 나타나는 결과에 대해서는 매우 관대했다. 하버드대 윌슨 교수는 그 같은 관대함을 다음과 같이 표현하고 있다.

"금세기는 과학기술이 급속도로 발달되고 보급된 시대로 역사에 기록되기보다 인류가 지구의 생물다양성이 파괴되는 것을 방관하거나 적극적으로 지지한 세기로 기록될 것이다."

2011년 여름 누카 섬을 6년 만에 다시 찾았다. 폴과 첫 하이킹으로부터 따지면 9년 만이었다. 비노 크릭 하구가 파도에 밀려온 자갈로 막혀버린 것 외에는 놀랍게도 9년 전과 달라진 것은 하나도 찾아볼 수 없었다. 트레일 중간마다 서 있던 인상적인 거목들은 물론 죽은 나무들조차도 똑같은 모습으로 서 있었다. 마퀴나 포인트 근처의 수관이 깃발처럼 변한 가문비나무와 협곡 사이에 걸린 가문비나무도 여전히 그 자리를 지키고 있었다. 9년 전 숲 바닥에 쓰러져 있어 타고 넘어갔었던 기억이 남아있는 거목도 그 자리에 그대로 있었다. 우리는 흔히 10년이면 강산도 변한다고 말하지만, 9년 만에 다시 찾은 누카 섬엔 그런 변화를 조금도 찾아볼 수 없었다. 인간에 의해 멸종되기 전 나그네 비둘기나 버펄로 들소 떼처럼 누카 섬의 숲은 시간이 흘러도 변치 않는 야생으로 남아 있었다. 폴이 감추어 두었던 유리공을 15년이 흐르고 나서도 마치 어제 맡겨 둔 물건을 찾아오듯 꺼내 올 수 있었던 미적 체험도 누카 섬의 야생자연이 지니는 변함없는 영원성 때문에 가능했다.

우리의 DNA가 주조되고 생물다양성이 만들어진 공간도 바로 이 같은 야생공간이다. 인간의 창의성이 탄생되고 발전된 것도 사이버 공간이 아니라 바로 이같은 야생 자연 속의 공간이었다. 늑대의 눈을 더욱더 예리하게 만들고, 사슴의 다리를 더욱더 민첩하게 만들고, 왜가리의 부리를 더욱더 길고 뾰족하게 만들고, 바닷가 바위 위에서 자라는 가문비나무를 더욱더 강인하게 만든 것도 바로 이 야생자연이다. 이런 야생자연이 점점 우리 주위로부터 급속히 사라지고 있다.

자연의 아름다움을 좀 더 새롭게 인식하려면 자연과의 접촉을 늘리는 노력이 필요하다. 그럼에도, 오늘날 도시화한 환경과 정보통신 기술의 발달로 말미암아 그 같은 노력은 점점 더 어려운 일로 변해가고 있다.

일본에서 일어났다고 전해지는 이야기이다. 손자와 함께 길을 걷고 있던 할아버지가 나무에 붙은 매미를 발견하고 손자에게 보여주기 위해 소리치며 말했다.

"얘야, 이리와 나무에 붙은 이 멋진 매미를 봐라!"

손자가 다가와서 매미를 보았다. 할아버지는 다시 말했다.

"얘야, 그런데 어쩌면 저렇게 꼼짝도 않고 있니!"

그러자 손자가 심드렁하게 말했다.

"아마, 배터리가 다 떨어져서 그럴 거예요!"

또 다른 비슷한 이야기로 뉴욕에서 실제로 있었다고 한다. 초등학교 교사가 학생들에게 오렌지가 어디서 생기느냐고 물으면, 일부 학생들이 카고 트럭에서 나온다고 답변했다고 한다.

위의 두 가지 이야기는 오늘날 젊은 세대들이 자연을 어떻게 받아들이고 있는지 또 어떤 환경에서 살고 있는지를 잘 설명해 주고 있다. 오늘날 어린이들은 밖에서 놀지 않는다. 방과 후 마을의 공터나 골목에서 놀던 아이들의 모습은 이제 영화 속에서나 가능한 장면이 되었다. 오늘날 청소년들은 가상현실 공간 속에서 논다. 실내 공간도 부족해 인간이 인공적으로 만든 가상공간 속에서 하루의 상당 부분을 보내는 것이다.

이처럼 오늘날 달라진 삶의 방식 때문에 나타나는 현상은 자연과 접촉하는 시간의 실종이다. 숲, 개울, 연못, 호수, 바다에서 보내는 시간이 사라지면서 식물, 곤충, 동물, 새들을 보거나 듣거나 체험할 기회가 어린이들로부터 사라졌다. 심지어 오늘날 학부모나 교사들마저도 아이들이 숲 속에서 스스로 노는 것은 위험한 활동으로 금지시키고 있다.

10여 년 전 뉴욕에서 일어난 다음 사건은 어린 아이들이 자연과 접촉하는 것을 불법화시키고 그것을 제도화하는 오늘날의 세태를 잘 말해준다. 1999년 뉴욕의 센트럴 파크 내 나무에 올라가 놀게 한 세 소녀의 아버지에게 1천 불의 벌금이 부과되는 사건이 발생했다. 공원 당국은 나무를 올라탄 소녀들의 행위를 공원의 규정을 어긴 불법행위로 간주하고 벌금을 매긴 것이다. 이 사건은 이후 커다란 논쟁거리가 되었다. 공원 이용자의 안전을 위해 적법한 조처였다는 쪽과 아이들은 본능적으로 나무를 타려 하며 그 같은 행동은 아이들의 정서를 위해 오히려 권장해야 한다는 주장이 맞섰다.

공원에서 나무 타는 행위를 불법화한 조치는 사고가 났을 때 책임 소재를 놓고 발생할 수 있는 분쟁 등을 우려해 예방차원에서 이루어진 것이다. 학생들이 자연과의 긴밀한 접촉을 통해 얻을 수 있는 정서적 발달보다 책임공방으로 말미암아 발생할 수 있는 재정적 손실을 더 염려한 것이다.

미국의 아동 교육 전문가 리처드 로우브는 이 같은 현상을 '자연 결핍 증후군'Nature Deficit Syndrome이라고 명명하였다. 자연 결핍증은 의학적으로 병리적 현상은 아니지만, 개인과 사회의 건전한 발전을 위해 오늘날 심각한 위협이 되는 사회적 현상이다.

가상공간에서 보내는 시간이 많아지면서 생기는 자연 결핍증은 청소년들의 개성이나 창의성 발달을 억제한다. 첨단 통신기기들은 전례 없는 빠른 속도로 많은 양의 정보와 지식에 접근할 수 있게 해준다. 첨단 통신기술 사용자들은 자신이 그만큼 지적 능력이 향상되고 매우 현명해지는 것으로 착각하게 된다. 그러나 지식의 발달은 정보의 질과 깊이, 독창성 등에 의해 결정되는 것이지 정보의 양이나 처리 속도와는 무관하다.

컴퓨터가 기억용량이나 속도 면에서는 인간의 뇌를 능가할 수 있을지 몰라도 아무리 컴퓨터기술이 발달해도 인간의 독창적인 생각이나 감정을 대신할 수는 없다. 인간은 오관을 통해 매일매일 일어나는 일련의 무계획적이며, 무질서하며, 단편적인 사건들을 기억으로 저장한다. 어떤 사건들은 심각하게, 어떤 것들은 흐릿하게 기억된다. 이같이 기억된 것들은 우리의 판단 기준, 취향, 직관, 신념, 확신들을 결정짓는 밑거름이 된다. 더 나아가 각 개인의 개성과 정체성을 형성하는 바탕이 된다. 인간의 기억은 생각 속에서만 존재하지 않고 우리의 감정, 감각, 신체의 반응에 영향을 미친다. 인간의 감정은 ㅋㅋ나 ㅠㅠ 등의 기호로 단순화시킬 수 없는 복잡성을 지닌다.

과학 기술은 우리가 정보를 주고받는 방법을 크게 향상시켜 편리하고 빠르게 만든 것은 사실이지만 그 같은 수단을 통해 전달되는 정보의 질도 함께 향상되었다고 보기 어렵다. 컴퓨터나 정보 통신 기술은 검색을 통해 다른 사람이 더 창의적으로 생각한 것을 찾아내는 능력을 발달시킬 수는 있어도 본인 스스로 창의성 발달은 오히려 억제하는 부정적인 결과를 가져온다.

오늘날 정보통신 기술이 과거 오프라인에서 일일이 손과 발로 처리해야 했던 많은 일을 대신해 주면서 생활의 편리함은 극도로 향상되었다. 그러나 아무리 과학기술이 발달하여도 우리의 생명을 유지하기 위해 절대적으로 필요한 물, 공기, 음식과 같은 생태계의 서비스는 가상공간에서 결코 만들어지지 않는다.

자연과 무관한 인공적 환경에서 자란 어린이들은 자연에 대한 무관심, 공포증, 혐오증을 발달시킬 수 있다. 자연 결핍증 속에서 자란 아이들은 자연을 불결하고, 위험하고, 무질서한 것으로 받아들인다. 이 같은 자연 공포증은 성인이 되어 자연과 관련한 의사결정을 해야 하는 위치에 놓이면 거리낌 없이 자연파괴나 무차별적 개발을 감행하게 하는 결정적인 원인이 된다.

환경교육은 자연 결핍증에 걸려 있는 어린 세대들에게 바이오필리아 Biophilia를 심어주는 것이다. 바이오필리아는 우리와 다른 생명체들과 크게 다르지 않으며, 우리와 다른 생명체들에 대한 사랑을 의미한다. 하버드 대학의 윌슨 교수에 따르면 우리 인간은 천부적으로 바이오필리아를 갖고 있다고 한다. 바이오필리아는 생명체들이 지니는 아름다움을 발견하고 이해하고 음미하는 데서 출발한다. 아름다움을 느끼면 사랑하게 된다. 사랑하면 소유하고 싶어진다. 소유는 보호와 보전하려는 동기를 부여한다.

물론 이 같은 접근 방법은 특정 생물종만 선별적으로 사랑하게 되는 부작용을 일으킬 수 있다. 그러나 그 같은 부작용은 시각적 아름다움에 편중된 우리의 미의식이나 선입관으로부터 연유한다. 모든 생명체는 다양한 아름다움을 지닌다. 앞서 언급한 습지가 이런 점에서 좋은 예가 될 수 있다. 습지가 지니는 생태적 아름다움과 깊은 시간의 아름다움을 깨닫는다면 습지에 대한 잘못된 선입관을 타파하고 습지도 사랑할 수 있게 될 것이다. 따라서 선과 색의 조화가 만드는 시각적인 아름다움에 치중되어 있는 우리의 미적 감상 기준을 크게 확대시킬 필요가 있다. 이런 점에서 자연이 지닌 다양한 아름다움을 깨우쳐 주는 것은 매우 필요하고 중요한 환경교육이다.

환경문제에 대해 우리는 법제도, 과학기술, 교육의 세 가지 측면에서 해결을 시도한다. 첫 번째의 법제도는 환경파괴나 오염을 일으키는 개인이나 기업에 대해 벌금이나 불이익을 주고, 반대로 환경을 개선하는 사람이나 기업에는 혜택을 주는 방법이다.

두 번째는 오염을 줄이고 에너지 효율을 높여주는 친환경 기술을 개발하고 응용하는 방법이다. 위의 두 가지 방법은 강제적이며 단기간 내에 효과를 거둘 수 있는 장점이 있다. 그러나 부작용 또한 만만치 않다. 특히 과학기술의 남용과 아직 예견하지 못한 문제점들로 말미암아 오히려 더 심각한 환경문제들을 일으킬 수 있다.

세 번째는 교육을 통한 접근 방법으로 환경문제의 원인이 인간 자신에 있다는 점을 인정하고 어릴 때부터 교육을 통해 환경의식을 고취하고 개인의 의식과 행동을 친환경적으로 변화시키는 데 있다. 교육에 걸리는 시간과 불확실한 효과가 단점이 될 수 있지만, 개인이나 지역사회로 하여금 자발적인 환경개선을 유도할 수 있으며 환경문제를 가장 효율적으로 해결하는 방법이 될 수 있다.

그러나 오늘날 환경문제를 해결과 관련한 교육은 다음과 같은 세 가지

1 아담스 강 인근 도시에서 온 학생들. 연어 회귀가 펼치는 자연의 신비를 놓치지 않고 어린 학생들과 공유한다.

3 야생자연과의 만남은 감수성이 예민한 어릴 때일수록 효과를 거둘 수 있다.

2 어린 시절 야생자연과의 만남은 학생들의 바이오필리아를 일깨워 준다.

4 도시 내 텃밭은 훌륭한 자연학습 공간이 될 수 있다. 어린이 친화적 텃밭의 모습. 유치원생들이 이곳에서 씨앗을 심고 가을엔 직접 수확한다. 밴쿠버 섬 밀너스 가든.

모순적인 문제점을 지닌다.

첫째, 예전보다 사회 전반에 걸쳐 교육수준이 향상되었음에도 환경문제와 같은 사회문제들이 개선되거나 개인의 삶이 더 행복해지지 않는 점이다. 사회문제를 개선하고 사회를 좀 더 살기 좋게 변화시키는데 교육의 역할은 아무리 강조해도 지나치지 않다. 그러나 잘못된 교육은 사회를 위해 가장 파멸적 결과를 가져올 수 있다. 아우슈비츠에 집단 수용소를 건설하고 수백만 명의 유대인들의 학살을 기획하고 실행에 옮긴 사람들도 모두 당대의 최고학력 소지자들이었다. 특히 이들은 인류 역사상 최고의 지성으로 꼽히는 칸트나 괴테와 같은 사상가와 문호들의 후예들이었다. 아우슈비츠는 잘못된 교육이 가져올 수 있는 엄청난 비극을 극명하게 보여준 예이다.

둘째, 오늘날의 각종 환경문제는 상대적으로 교육 못 받은 사람들이 일으킨 문제라기보다 최고의 교육을 받은 사람들이 일으킨 문제라는 점이다. 즉 농부나 상인 또는 보통사람들이 아니라 정책결정자, 도시계획가, 기업의 최고 경영자들과 같은 사회적 리더들이 열심히 노력한 결과로 나타난 것이다. 이들 사회적 리더들은 박사, 석사, MBA, 로스쿨과 같은 최고학력의 소지자들로 다른 사람들보다 훨씬 더 오랫동안 더 많은 교육을 받은 사람들이다.

셋째, 부모들은 자녀의 행복을 위해 최고의 교육을 받게 하려고만 했지 정작 자녀의 장래 행복에 결정적인 영향을 미치는 자연환경 보전에는 동등한 관심을 두지 않는 점이다. 이는 학생 개인이 아무리 훌륭한 스펙을 쌓아도 정부나 기업이 일자리를 만들지 않으면 아무런 소용이 없는 것과 마찬가지로, 부모들이 자녀의 장래를 위해 교육에 아무리 많은 투자를 해도 자녀가 살게 될 자연환경이 점점 더 파괴되고 오염된다면 부모들이 원하는 것처럼 자녀의 행복한 삶은 보장되지 않는다. 자연과 접촉하는 시간이 많으면 많을수록 삶의 질과 개인의 행복지수는 높아진다. 파괴되고 오염된 자연환경 속에선 개인의 건강과 행복이 뒤따르지 않는다.

교육을 많이 받는 것보다 어떤 교육을 어떻게 받느냐가 훨씬 더 중요한 문제다. 오늘날 인간사회의 모든 문제는 환경문제로 수렴된다. 환경문제가 인류의 생존을 위협하고 개인과 사회의 복지와 삶의 질을 결정짓는다면 환경은 각급 학교에서 필수적으로 다루어야 할 분야이다. 환경의 가치를 이해하고 환경문제를 해결할 수 있는 능력을 배양하는 것도 중요하지만, 자연의 아름다움을 깊이 이해하고 깨닫는 것보다 더 중요한 환경교육은 없다.

자연의 아름다움에 대한 교육은 학생들의 감수성이 예민하게 반응하는 어린 시절에 가장 효과적으로 이루어질 수 있다. 어린 시절 자연과의 접촉에서 어린이들은 곤충, 동물, 새, 식물들이 우리 인간과 크게 다르지 않으며 매우 유사한 생명체라는 인식을 발달시킬 수 있다. 하버드 대학의 윌슨 교수는 이 같은 인식은 인간이 천부적으로 지닌 본능이라고 했다. 이 같은 본능은 더 나아가 모든 생명체를 사랑하는 바이오필리아로 발전할 수 있다고 했다.

그러나 인간은 자연을 공포의 대상으로 느끼는 본능 즉 바이오포비아 Biophobia도 동시에 지니고 있다. 흔히 뱀, 거미, 박쥐, 더 나아가 습지 같은 생태계는 그 같은 부정적인 잠재 본능을 일깨우는 대상이 된다. 문제는 이들을 아름답게 받아들일 수 있는 수용능력에 달려 있다. 자연의 다양한 아름다움을 이해하고 음미할 수 있는 교육을 통해 혐오감이나 부정적 선입관이 박혀 있는 생명체에 대해서도 우리와 크게 다르지 않다는 바이오필리아를 일깨워주어야 한다.

바이오필리아는 감수성이 예민한 어린 시절 자연과의 접촉을 통해 형성된다. 1960년 미국 환경운동의 기폭제가 되었던 《침묵의 봄》을 쓴 레이철 카슨은 자연의 경이로움을 어린 자녀와 함께 느끼고 체험할 것을 강조하였다. 그녀는 조카의 아들 로저가 두 살도 채 되지 않았을 때 보자기에 싸서 안고 비바람이 몰아치는 깜깜한 밤 바닷가에 데려가 아이와 바다와의 첫 만남을 주선했다. 그녀는 또 로저에게 해변의 바위에 부서지는 커다란 파도소리도 들려주었다. 그녀는 이후에도 어린 로저를 바닷가에 데려가 게를 찾는다든지 조간대 생물을 관찰하면서 함께 자연을 깊이 체험하는 시간을 보냈다. 그녀는 로저에게 무엇을 가르쳐주려 하지 않은 대신 자연의 신비로움과 경이로움을 그와 함께 하려 했다.

레이철 카슨은 자연은 어린이들과 즐거움을 함께하는 공간이며, 함께 새로운 것을 발견하려는 모험의 공간이라고 했다. 그녀는 또 자연 속에서는 어린이들에게 설명하거나 가르쳐 주려는 충동을 억제하고, 아이들과 함께 자연의 아름다움과 경이로움을 느끼려 해야 한다고 했다.

아이들이 어린 시절 부모나 교사들의 인솔 하에서 자연의 경이로움과 신비로움을 함께 경험하는 것은 자연의 아름다움을 이해하고 미의식을 발달시킬 수 있는 훌륭한 환경교육이다.

에필로그
시스티나 성당과 자연

로마 바티칸 시티에 있는 시스티나 대성당은 유네스코에 의해 세계 문화유산으로 지정되어 보존되고 있다. 보존해야 할 많은 다른 이유가 있겠지만 가장 큰 이유는 천 년에 한번 나올까 말까 하는 세계적인 천재 예술가 미켈란젤로의 작품들이 벽과 천정을 장식하는 성당의 웅장하고 장엄한 아름다움 때문이다.

불국사나 석굴암 등 우리나라의 문화재들도 시스티나 성당과 마찬가지 이유로 보전되고 있다. 불국사나 석굴암이 지니는 특별한 아름다움 때문이다. 숭례문이 방화로 불탔을 때 우리 국민은 경악과 함께 커다란 슬픔으로 반응했다. 숭례문은 그 같은 건축물이 희소하기도 했지만, 건축물로서 지니는 특별한 아름다움이 있었기 때문에 보전해왔다.

인간이 만든 유물이나 유적도 아름답지만, 이 책에서 주장한 바와 같이 자연은 사람이 만든 예술품보다 훨씬 더 아름답다. 자연은 인간의 예술품보다 훨씬 더 긴 창작기간을 거친다. 시스티나 성당은 8년에 걸쳐 만들어졌지만, 자연의 대표적인 작품들인 숲, 강, 개펄은 훨씬 더 오랜 기간에 거쳐 만들어진다. 누카의 원시림은 만년이 넘는 기간에 만들어졌다. 우리나라의 강과 개펄들은 훨씬 더 오랜 세월에 걸쳐 형성되었다.

세계문화 유산인 시스티나 성당을 부수고 현대식의 새 성당을 건축하는 우를 범할 사람은 이 세상에 한 사람도 없을 것이다. 또 우리나라 사람 중 누구도 낡고 오래되었다고 불국사나 석굴암을 무너뜨리고 그 위에 현대식으로 새로 절과 탑을 지을 어리석은 사람은 없을 것이다.

마찬가지로 정상적인 미의식을 지닌 국민이라면 인간이 건축한 문화재보다 훨씬 더 오랜 기간에 걸쳐 훨씬 더 아름답게 완성된 우리나라의 강과 개펄을 파괴하는 우를 범할 사람은 아무도 없을 것이다. 그러나 불행하게도 그동안 이들을 파괴하는 어리석음이 우리나라에서 자행되어왔고 지금도 계속되고 있다.

우리의 젊은 세대들이 자연 결핍증과 자연 공포증을 극복하고 자연의 아름다움을 깊이 이해할 수 있는 능력을 배양하는 교육을 받지 못한다면 사회인이 돼서 똑같은 우를 저지르지 않으리란 보장이 없다.

◉ 찾아보기

● 목본류 식물

● 초본류 식물

● 물고기, 동물, 새

● 지명 및 인명